"十四五"职业教育部委级规划教材

浙江省高职院校"十四五"重点立项建设教材

服装产品手绘表达

竺近珠　编著

中国纺织出版社有限公司

内 容 提 要

本教材为"十四五"职业教育部委级规划教材、浙江省高职院校"十四五"重点立项建设教材。本教材致力于教授学生如何通过专业的绘画技巧，将服装产品的设计理念转化为可视化的图形，以便更好地传达设计意图并呈现服装细节。本教材分为四个模块：服装产品概论、服装产品的造型基础、下装产品的款式图表达和上装产品的款式图表达。

教材中嵌入多个课件、视频数字教学资源，使知识内容更加直观且易理解。本教材可供服装设计专业师生、服装设计师，以及对服装手绘感兴趣的业余爱好者阅读、使用。

图书在版编目（CIP）数据

服装产品手绘表达 / 竺近珠编著 . –– 北京：中国纺织出版社有限公司，2024.6

"十四五"职业教育部委级规划教材 浙江省高职院校"十四五"重点立项建设教材

ISBN 978-7-5229-1605-7

Ⅰ . ①服… Ⅱ . ①竺… Ⅲ . ①服装设计—绘画技法—高等职业教育—教材 Ⅳ . ① TS941.28

中国国家版本馆 CIP 数据核字（2024）第 069146 号

责任编辑：苗 苗 责任校对：寇晨晨 责任印制：王艳丽

中国纺织出版社有限公司出版发行
地址：北京市朝阳区百子湾东里 A407 号楼 邮政编码：100124
销售电话：010—67004422 传真：010—87155801
http://www.c-textilep.com
中国纺织出版社天猫旗舰店
官方微博 http://weibo.com/2119887771
天津千鹤文化传播有限公司印刷 各地新华书店经销
2024 年 6 月第 1 版第 1 次印刷
开本：787×1092 1/16 印张：7
字数：110 千字 定价：58.00 元

前言

服装人才的培养要求不仅包括具备扎实的专业技能，还需要熟悉人体结构、各个国家及各年龄段人的穿衣习惯、服装工艺、面料特性，以及掌握服装产品的表达艺术和板型流行趋势等。要达到这些要求，既需要经过专业培训，也需要在经验积累和实践摸索上花费较长时间。

《服装产品手绘表达》一书以高职院校服装设计专业学生的就业为导向，旨在培养学生熟练运用服装绘画主要操作技能，强调培养学生的动手能力。在分析本专业涵盖的岗位群任务与职业能力基础上，本书以服装款式设计岗位群共有的工作任务为依据，构建基本结构和内容。书中重点以服装企业款式设计为主线，涵盖人体着装款式图、款式结构图等学习项目。通过本书的学习，学生能运用各种工具和技法，将服装设计构思通过不同人体姿态以直观形象表达出来，展示服装设计的最佳效果，体现设计理念，并为结构设计和工艺设计提供依据。本书可作为高职院校服装设计和针织服装设计等专业的实训项目练习教材，也可为企业技术部门人员提供辅助性培训参考。

本书在编写过程中得到了教学团队成员徐卉、施展、程锦珊等老师的支持。感谢绍兴璞韵服装有限公司设计师鲁芗蓉的支持与帮助，并向本书提供了企业设计作品及款式图片资料。感谢院方领导的大力支持，感谢侯陈程、王江宁、陈慧珍、朱小燕、陈钱菁、武雪和项明磊等同学的帮助。尽管本书在编写过程中力求严谨，但仍可能存在不足之处，敬请专家、同行和广大读者批评指正，在此表示由衷的感谢。

杭州职业技术学院

竺近珠

2023 年 12 月 15 日

目录

模块一 服装产品概论 ·· 1

　单元一 服装市场及产品认知 ·································· 1

　　一、服装产品的概念 ·· 1

　　二、服装产品的认知 ·· 1

　　三、服装产品的类别 ·· 2

　单元二 服装流行趋势解析 ···································· 5

　　一、色彩 ·· 5

　　二、面料 ·· 5

　　三、款式 ·· 6

　　四、配饰 ·· 7

　　五、造型 ·· 8

模块二 服装产品的造型基础 ······································ 9

　单元一 服装产品与人体的关系 ································ 9

　　一、人体基本知识 ··· 10

　　二、人体头部造型 ··· 12

　　三、服装人体姿势的手绘实操 ······························ 15

　单元二 着装人体姿态的手绘表达 ····························· 25

　　一、着装人体的概念 ······································· 25

　　二、着装人体的审美标准 ··································· 26

　　三、套装着装人体的手绘实操 ······························ 27

模块三 下装产品的款式图表达 ··································· 35

　单元一 半裙款式图表达 ····································· 35

　　一、半裙的概念 ··· 35

　　二、半裙的廓型变化 ······································· 36

　　三、半裙的类型 ··· 37

四、半裙款式图的手绘实操 …………………………………… 40

单元二 裤装款式图表达 ……………………………………………… 49

一、裤装与人体体型结构的关系 ………………………………… 49

二、裤装的类型 …………………………………………………… 50

三、裤装款式图的手绘实操 ……………………………………… 54

单元三 连衣裙款式图表达 …………………………………………… 63

一、连衣裙的概念 ………………………………………………… 63

二、连衣裙的类型 ………………………………………………… 63

三、连衣裙款式图的手绘实操 …………………………………… 67

模块四 上装产品的款式图表达 ……………………………………… 73

单元一 衬衫款式图表达 ……………………………………………… 73

一、衬衫的概念 …………………………………………………… 73

二、表达衬衫的基本元素 ………………………………………… 74

三、衬衫款式图的手绘实操 ……………………………………… 79

单元二 外套款式图表达 ……………………………………………… 86

一、外套的概念 …………………………………………………… 86

二、外套的肩线类型 ……………………………………………… 87

三、表达外套的基本元素 ………………………………………… 88

四、外套款式图的手绘实操 ……………………………………… 91

服装产品概论

单元一　服装市场及产品认知

服装市场是一个广泛的概念，涵盖了从设计、生产到销售的整个过程。服装市场的消费者需求因地域、文化、经济和个人偏好而异。例如，某些地区的消费者更注重时尚和潮流，而其他地区的消费者可能更注重舒适性和耐用性。品牌是服装市场的重要组成部分。消费者需求是服装市场发展的原动力，而品牌是满足消费者需求的桥梁。在琳琅满目的商品中，消费者为何会选择某个品牌的产品？除了产品质量和价格外，最重要的就是品牌所传递的价值观和个性。一个成功的品牌能精准捕捉消费者需求，为他们提供符合自身特点的服装。因此，品牌在服装市场的重要性不言而喻，它不仅影响着消费者的购买决策，还关乎企业的发展和市场份额。在这个日新月异的消费市场中，品牌竞争越发激烈，各大企业纷纷使出浑身解数，只为在市场中脱颖而出。

一、服装产品的概念

服装产品是指人们穿在身上的具有蔽体、保暖、装饰等作用的物品，是以面料为主要材料通过裁剪、缝制等工艺制作而成的穿戴用品。服装产品一般包括上衣、裤子、裙子、外套、内衣、袜子、帽子、围巾等。它们不仅可以为人们提供实用的保护，还可以展现独特的审美品位。

二、服装产品的认知

服装产品的认知主要包括以下几个方面。

（1）服装的基本结构：了解服装的基本结构，包括领子、袖子、衣身、口袋等部位，有助于更好地理解服装的设计和制作过程。

（2）服装面料：了解不同面料的特性，如棉、麻、丝、毛等，以及它们在不同季节和场合的应用，有助于选择适合的服装。

（3）服装风格：了解不同风格的服装，如休闲、运动、商务等，以及它们在不同场合的适用性，有助于选择合适的服装搭配。

（4）服装品牌：了解不同品牌的服装特点和风格，有助于选择适合自己的品牌和款式。

（5）服装搭配：了解不同服装的搭配方法和技巧，如色彩搭配、款式搭配等，有助于提高自己的穿衣品位和审美能力。

（6）服装洗涤和保养：了解不同服装的洗涤和保养方法，有助于延长服装的使用寿命，使其保持良好的状态。

总之，对服装产品的认知需要不断积累和实践，通过多方面的了解和学习，才能提高自己的服装认知水平和审美能力。

三、服装产品的类别

在当今时尚界，服装产品已经成为人们日常生活中不可或缺的一部分。它们不仅满足了人们的基本需求，还可以展现个性、品位和审美，甚至承载着一种独特的文化内涵和社会价值观。服装产品的类别繁多，可以按照不同的划分标准进行归类。

（一）按用途分类（图1-1-1）

1. 日常穿着服装

主要包括上衣、裤子、裙子等，是人们日常生活中必备的衣物。

2. 特殊场合服装

适用于特定场合，如商务、婚礼、晚宴等，包括正装、礼服等。

3. 运动休闲服装

适用于休闲娱乐场合，如度假、运动、聚会等，包括休闲装、运动服、泳衣等。

4. 职业通勤装

适用于职场人士，如职业女性（OL）着装要求和客服着装要求等，包括西装、制服、工装等，具有一定的职业特点和识别度。

（a）日常穿着　　（b）职业通勤　　（c）运动休闲　　（d）特殊场合

图1-1-1　服装按用途分类

（二）按材质分类（图1-1-2、图1-1-3）

1.天然纤维服装

天然纤维制成，如棉、麻、丝、毛等，具有良好的吸湿性、透气性和舒适性。

2.合成纤维服装

合成纤维制成，如涤纶、锦纶、腈纶等，具有较强的抗皱、耐磨特点。

3.混纺纤维服装

天然纤维与合成纤维混合制成，如涤棉、涤麻等，兼具天然纤维和合成纤维的优点。

科技光泽

【材质推荐】有光涤纶、锦纶
【工艺推荐】轧光、烫金、压绉、覆膜
【风格肌理】高密半透光泽、偏光、烫金撒银网眼、光泽覆膜
【适用风格】时尚前卫的科技光泽，手感轻巧挺括，适用于时尚休闲、街头潮牌、时尚机能和少淑女风格
【推荐成衣品类】裙装、衬衫、裤装、西装、夹克

图1-1-2　科技光泽

肌理薄纱

【材质推荐】天丝、锦纶、涤纶、醋酸、真丝
【工艺推荐】小提花、压绉、经纬交织成微绉肌理
【风格肌理】波点提花网纱、微绉欧根纱、泡泡纱
【适用风格】丰富的肌理薄纱，面料风格特征显著，根据肌理风格的差异可用于各风格品类的开发
【推荐成衣品类】裙装、衬衫、套装

图1-1-3　肌理薄纱

（三）按风格分类（图1-1-4）

1.时尚潮流服装

紧跟时尚潮流，注重款式的多样性和创新性，如潮流衫、个性图案衫等。

2.经典简约服装

以简约、大方为特点，适合各种场合穿着，如基本款T恤、衬衫等。

3.民族风情服装

这类服装具有浓厚的民族特色，展现不同地域的文化风貌，如汉服、藏族服饰等。

4.高档奢华服装

这类服装采用高品质面料和精湛工艺，彰显品位和身份，如名牌西装、奢侈礼服以及皮草等。

图1-1-4　服装按风格分类

单元二 服装流行趋势解析

随着社会的不断发展，时尚产业也在日新月异地发生变化。服装流行趋势是时尚产业的灵魂，影响着设计师、品牌和消费者。接下来深入剖析服装流行趋势的五个方面：色彩、面料、款式、配饰以及造型。

一、色彩

色彩是服装流行趋势中最直观的表现，每年的流行色都会成为各大品牌和设计师竞相追捧的焦点。近年来，绿色、紫色、橙色等明亮色彩逐渐成为时尚舞台的主打色（图1-2-1）。此外，灰色、白色和黑色等中性色彩也始终保持着经典地位。在未来，更具个性化的色彩搭配将成为趋势，如荧光色与低调色的碰撞，或者不同饱和度的同色系搭配（图1-2-2）。

图1-2-1 色彩搭配

二、面料

面料是服装质感的关键，随着科技的发展，各种新型面料不断涌现。近年来，环保面料越来越受到重视，如再生纤维、有机棉等。在未来，具有高科技含量的面料也将成为流行趋势，如抗菌、防紫外线、自清洁等功能性面料（图1-2-3）。此外，天然面料如丝绸、棉、麻等也将持续流行（图1-2-4）。

图1-2-2 荧光色与低调色的碰撞

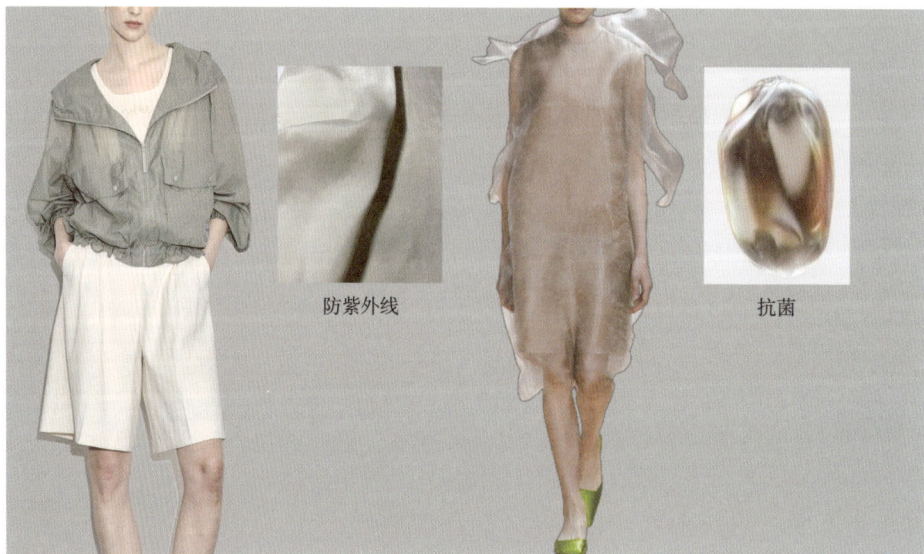

图1-2-3　高科技面料

图1-2-4　天然面料

三、款式

款式是服装外在形象的表现，随着时尚轮回，经典款式廓型与现代元素的结合成为当下流行的趋势。例如，复古风格的泡泡袖、A字裙与现代设计元素的融合，展现出独特的时尚魅力。此外，宽松的剪裁、舒适的休闲款式也逐渐成为消费者的购买趋势。在未来，个性化、定制化的款式将越来越受到青睐（图1-2-5）。

泡泡袖

A字廓型

图1-2-5 服装基础廓型

四、配饰

配饰是服装的点睛之笔，一款独特的配饰能让整体造型焕然一新。近年来，大型耳环、夸张的腰带、独特的包袋等成为时尚潮人的必备单品（图1-2-6）。

大型耳环　　　　独特包袋　　　　夸张腰带　　　　小挎包

图1-2-6 服装配饰

五、造型

造型是服装整体的表达呈现，随着时尚观念的多元化，混搭风成为当下流行的造型趋势。如古典与现代元素的碰撞等，创造出独一无二的时尚形象（图1-2-7）。

图1-2-7　服装造型

服装产品的造型基础

单元一　服装产品与人体的关系

　　人体是表达服装产品的载体，其呈现的形态是服装结构的依据。服装产品的好看与否，直接通过人体来呈现及检验。对人体美的不同理解与表达，决定了服装造型的千变万化。服装应该符合人体的生理结构，并且与活动幅度等相适应。穿在人身上感觉非常舒适的同时，还应突出和增添人体的美感（图2-1-1）。

　　服装画是一种艺术形式，它结合了时尚设计和人体解剖学。在进行服装表达时，通常会通过服装画来呈现服装的设计效果、流线形态以及面料质感等。通常，设计师会根据模特的身材、姿势和服装的特点，来展现人体与服装的相互关系（图2-1-2）。

图2-1-1　不同形态的人体　　　　图2-1-2　服装画的效果呈现

一、人体基本知识

（一）服装画人体各部位的几何形图解

初学者要多画辅助线，随着手绘功底的深厚，画面中的辅助线会逐渐减少，而内心虚拟的辅助线会逐渐增加。在服装设计中，通过简化和抽象人体的形状和比例来帮助设计师更好地表达和理解服装的布局和结构。

为了对人体的各部位有更为方便、简洁的了解，可以把服装画中人体的各部位理解成几种简单的几何形。例如，椭圆形代表人体头部，梯形代表胸腔和腹腔，圆柱体代表颈部以及四肢等，小圆形代表各个关节（图2-1-3）。

将服装人体各部位简单地理解成几何形，对人体空间感会有更好的理解。

头部 —— 椭圆形　　颈部 —— 圆柱体　　胸腔 —— 倒梯形
腹腔 —— 正梯形　　四肢 —— 圆柱体　　手脚 —— 楔形
关节 —— 圆形

图2-1-3　人体部位几何形

（二）人体比例

1.服装人体比例的重要性

对服装人体比例的认识与理解，是服装设计师必须掌握的知识之一。服装画人体的手绘表达是把这一知识目标转化为一种专业的技能目标，是对服装产品进行表达的关键。

2.服装人体的具体比例分段

初学者想要完美地表达服装画人体，必须对人体比例有一个非常好的掌握。通常来说，成人体的头长约为19cm，而身体的高度与头长的比例约为7∶1（欧洲人体约为8∶1）。同时，头长与头宽的比例约为1∶0.618，而肩膀的宽度与头长的比例约为1∶1.5。但是，具体的服装人体比例并没有统一的标准。因此，需要根据具体的服装以及个体的特性，适当地调整并进行表达。

以8.5头身的成人体为例（图2-1-4），将服装人体进行具体的比例分段。

第一头身：自头顶到下颏底；

第二头身：自下颏底到胸高点以上位置；

第三头身：自胸高点以上位置到腰围线；

第四头身：自腰围线到臀围线；

第五头身：自臀围线到大腿中部；

第六头身：自大腿中部到膝围线；

第七头身：自膝围线到小腿中部；

第八头身：自小腿中部到踝围线；

第八头半身：自踝围线到地面。

以8.5头身的成人体为例，一般情况下1个头长为3cm。肩宽约为2个头宽，腰围宽约为1个头长，臀围宽略宽于肩宽。其中，手的长度约等于脸的长度（发际线至下颏线），脚的长度约等于半个头长，上臂为$1\frac{1}{3}$头长，前臂约等于$1\frac{1}{3}$头长。上肢自然下垂时手处于大腿的中部，肘关节正好处于腰围线（图2-1-5）。

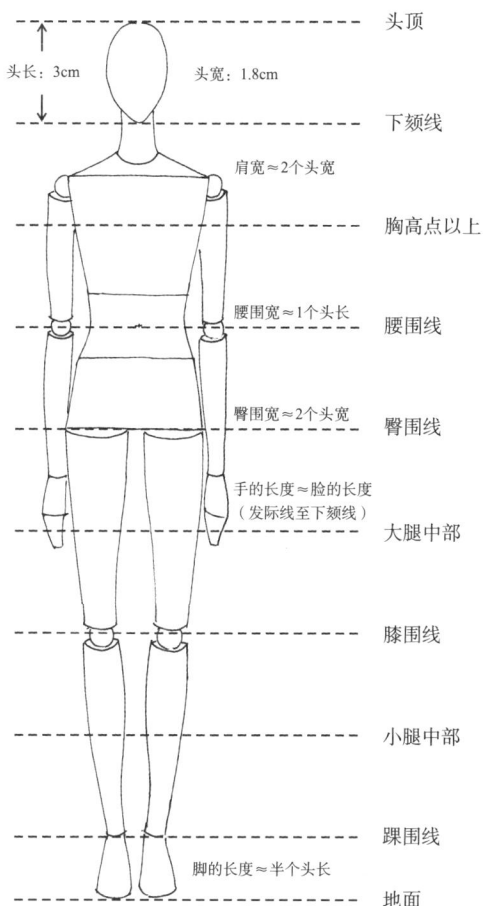

图2-1-4　几何人体的具体比例分段

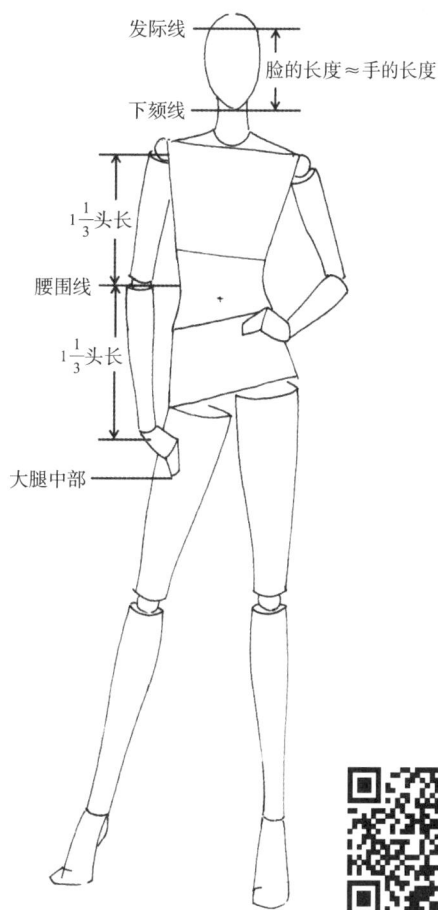

图2-1-5　几何人体比例

特别需要提醒一下，为了快速地表达服装人体，这些几何形的呈现方法仅仅是辅助工具。而在实际的服装设计中，每个人的身高、肩宽、腰围、臀围等都有所不同。因此，设计师还需要考虑具体的身体形状、比例和动态的因素，以确保服装在现实穿着中的合适性。

二、人体头部造型

（一）头部表达的基本技巧

时装画头部表达是时装画中非常重要的一部分，它能够展现出模特的面部特征和表情，从而传达出设计师的创意和设计理念。在时装画中，头部是模特身体上最为重要的部分之一。它不仅是模特脸部特征的体现，更是整个身体比例和动态的关键。因此，在时装画中，对头部的描绘要求非常高，需要精细而准确地刻画出模特的面部特征和表情。以下是一些关于时装画头部表达的基本技巧。

（1）仔细观察模特的面部轮廓：在描绘面部特征时，需要仔细观察模特的五官和面部轮廓。眼睛、鼻子、嘴巴和耳朵等都是面部特征的重要组成部分，需要准确地刻画出其形状和位置，同时注意各部位之间的比例关系。此外，还需要注意面部的光影效果，通过明暗处理来突出面部的立体感和层次感。

（2）理解头部的结构和比例：头部通常被分为三个部分，即头顶、面部和下颌。这三个部分的比例关系对于塑造头部的形态至关重要。此外，还需要注意头部与颈部、头部与肩膀的比例关系，这些都是时装画中的重要细节。

（3）注意头部的动态和姿势：头部是模特身体上最灵活的部分之一，可以做出各种动作和表情。在时装画中，需要通过描绘头部的动态来表达模特的情绪和姿态。例如，当模特低头时，他的头部会呈现出一种优雅的姿态；当模特仰头时，他的头部会呈现出一种自信的姿态。

（4）注意头部的配饰和发型：头部的配饰和发型是时装画中非常重要的元素之一。它们不仅可以增加模特的时尚感，还可以突出模特的个性和风格。因此，在时装画中，需要仔细观察模特的头饰和发型，并通过精细的描绘来表现出它们的质感和风格。

总之，时装画头部表达需要注重观察、简化形状、注意光影及细节处理等方面。通过不断地练习和实践，可以逐渐掌握时装画头部表达的技巧，并提高自己的绘画水平。

（二）头部表达的比例结构

在头部表达中，比例结构起着至关重要的作用。比例结构是指头部各组成部分之间的尺寸关系，包括面部比例、五官比例等。在时装画中，人体身高的比例结构通常是通过"头长"来计量的，正常情况下，时装人体基本是9头长，但不代表10或11头长就完全不正确。更多时候，需要根据绘制的服饰特点来决定头部的比例结构。掌握头部比例结构对服装设计师来说至关重要，因为它直接影响到人体着装的美学价值和真实性。

在时装画中，头部结构是表现人物气质和服装风格的重要部分。以下是时装画头部结构的一些要点。

（1）头部的形状：头部呈上大下小的鸭蛋形，正面看比较对称，正侧面看由面部和后脑两大部分组成（图2-1-6）。

（2）五官的比例：五官以"三庭五眼"的比例关系分布在面部。发际线到下颌的距离三等分，找到眉弓和鼻底的位置。从发际线到下颌的1/2处标出眼睛的位置，眼睛长度大约是头部长度的1/5。鼻翼宽度略大于一个眼睛的长度，嘴的宽度大于鼻翼的宽度（图2-1-7）。

图2-1-6　头部的形状

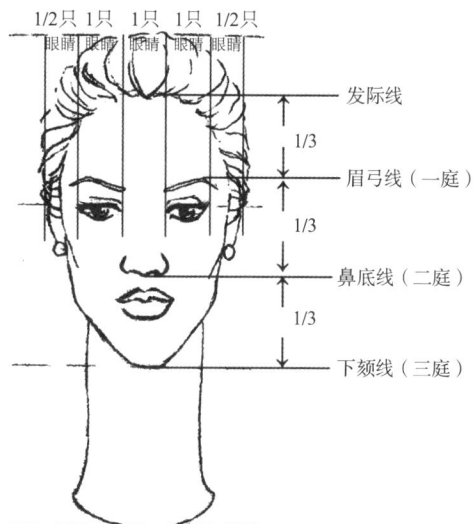

图2-1-7　五官的比例

（3）头发的绘制：在绘制头发时，首先要勾勒出头发的轮廓。线条要流畅且富有节奏感，以表现头发的生长方向和动态。此外，线条的粗细和密度也需要根据头发的类型和光照条件进行调整。头发的细节是使其更具立体感和真实感的关键。在绘制过程中，可以添加一些微妙的纹理和动态，如发丝、发卷等。同时，还需要注意头发的生长规律，根据发型和时尚趋势来绘制，注意头发的走向和发丝的细节（图2-1-8）。

图2-1-8　头发的绘制

（4）表情和神态：表情和神态的协调性至关重要。一个自然的笑容搭配恰当的肢体动作，会让人感受到真诚和善意。因此，在运用表情和神态时，要注意与语言、肢体动作的协调，以达到更好的构图效果。表情和神态的表达要适度，通过五官的形状和比例表现不同的表情和神态，如微笑、惊讶、愤怒等（图2-1-9）。

图2-1-9　表情和神态

（5）头饰和配饰：头饰和配饰的表达是时装画中非常重要的一个环节，可以根据服装风格添加头饰和配饰，如帽子、发卡、发带等。确保头饰和配饰的比例、形状、颜色和细节都与时装画整体风格相协调（图2-1-10）。

图2-1-10　头饰和配饰

（6）透视和比例：在时装画中，头部和肩膀是重要的元素，它们之间的比例和关系对于画面的协调性和平衡感至关重要。通常，肩部的宽度为1.5～2倍头部的宽度，因此，在时装画中，要正确地画出头部和肩膀的关系，需要注意它们的比例、形状和角度。还需注意头部与身体其他部分的透视和比例关系，使整个画面更加协调（图2-1-11）。

图2-1-11 透视和比例

三、服装人体姿势的手绘实操

（一）学习目标

通过本项目学习，达到以下目标。

（1）了解服装人体形态结构特征。

（2）掌握服装人体各部位比例。

（3）掌握服装人体的绘画表现。

（4）能正确地表达服装人体结构。

（二）学习方法

（1）线上课前预习法。

（2）线下课后自主学习法。

（3）循序渐进法、思考学习法。

（4）线上与线下混合法。

（三）学习要求

（1）了解人体形态结构特征，合理构图。

（2）分解人体各部位的图解，掌握8.5头身人体具体比例分段。

（3）单线勾勒，最后勾线描边。

（四）项目实践

任务一　正面几何人体姿势的手绘表达

1.学习指南

（1）学习目标：本任务主要在于让学生掌握正确的人体比例，引导学生对写实人体与服装画人体的特征进行分析，在此基础上进行服装几何人体动态的手绘表达。

（2）学习形式参考：课前准备材料，课中实训、提问、讨论、答疑，课后拓展训练。

2.绘图工具

（1）准备一个不小于8K的画板，并准备一些A4纸和8K的卡纸。

（2）准备几支笔（0.5mm自动铅笔+勾线笔）。

（3）准备1块橡皮（但是尽量少用）。

（4）准备一根尺子（仅限初学者使用，等画熟练后可以慢慢脱离）。

3.任务实施

（1）以8.5头身的正面女性几何人体姿势为例，合理构图。先画出中心线，并按照具体的比例分段绘制出辅助线（图2-1-12）。

（2）由头顶至下颏绘制出几何人体的头，注意要画出上圆下尖的鹅蛋形（图2-1-12）。

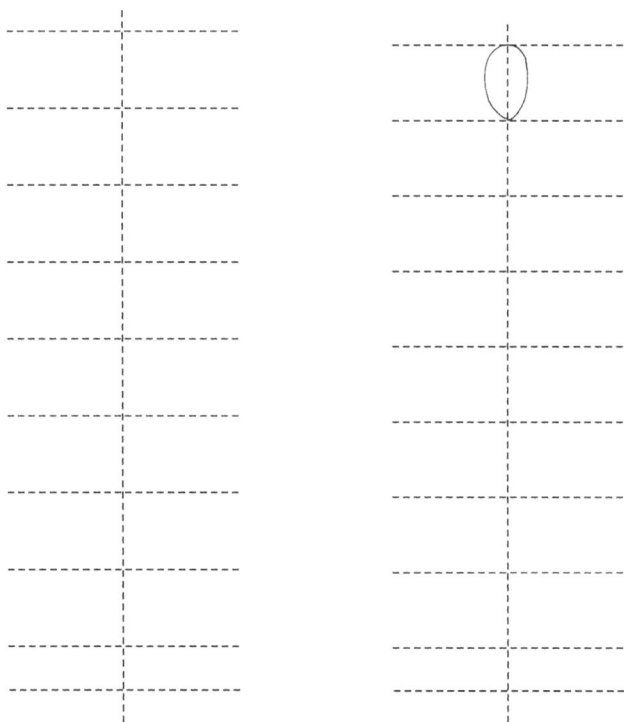

图2-1-12　步骤（1）和步骤（2）

（3）绘制出圆柱体的脖子，注意其比例大约是在第二头身的1/2处（图2–1–13）。

（4）用倒梯形绘制出几何人体的胸腔，长度是1.3～1.5头身，宽度大约为1.2头身（图2–1–13）。

（5）用正梯形绘制出几何人体的腹腔，长度为0.8～1头身，宽度基本与肩同宽（图2–1–14）。

（6）用两条弧线把几何人体的胸腔和腹腔连接起来（图2–1–14）。

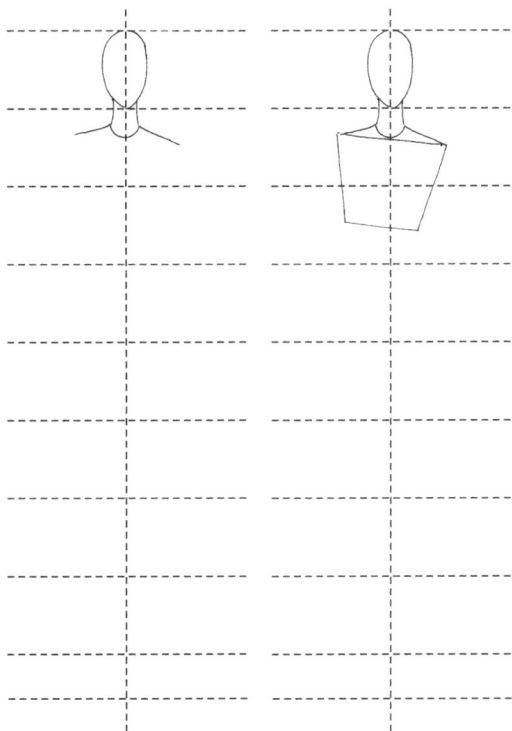

图2–1–13　步骤（3）和步骤（4）　　　　　　　　图2–1–14　步骤（5）和步骤（6）

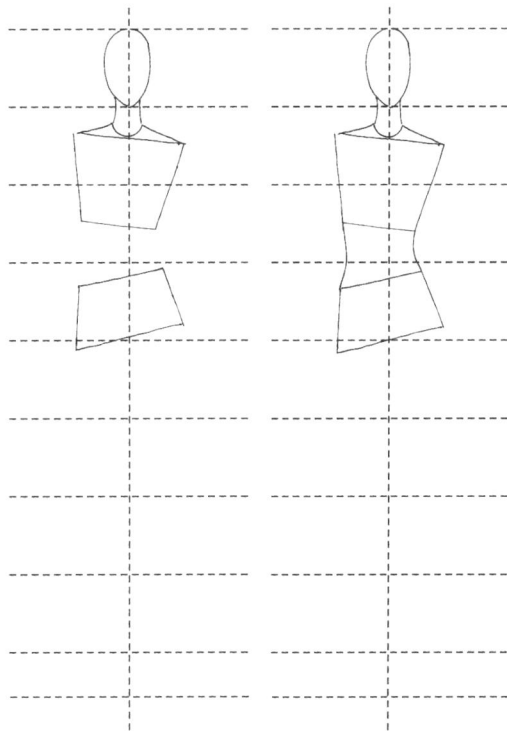

（7）用圆柱体绘制出几何人体的上臂，长度大约为1.2头身。注意手臂与肩的连接处用圆形来表示（图2–1–15）。

（8）用圆柱体绘制出几何人体的前臂，长度大约为1头身。注意肘部处用圆形连接，并大约位于第三头身的辅助线处。接着用两个相对的梯形画出手，长度约为0.8头身（图2–1–15）。

（9）用圆柱体绘制出几何人体的大腿部分，长度基本控制在2头身左右（图2–1–16）。

（10）用圆柱体绘制出几何人体的小腿部分，长度大约为2头身。与大腿的连接用圆形来表示，并大约位于第六头身的辅助线处（图2–1–16）。

（11）大约用0.5头身绘制出脚的部分，最后对线条以及比例等进行调整（图2–1–17）。

（12）擦掉所有的辅助线并完成人体姿势表达图（图2–1–17）。

通过本项目的学习，学生可举一反三独立完成侧面几何人体姿势表达图（图2–1–18）。

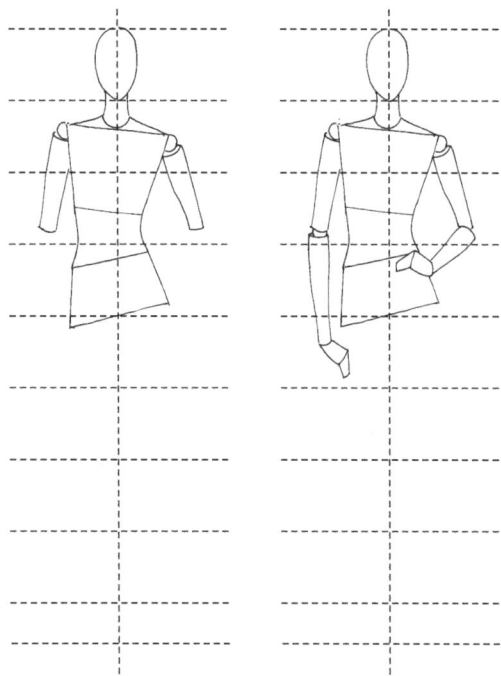

图2-1-15 步骤（7）和步骤（8）

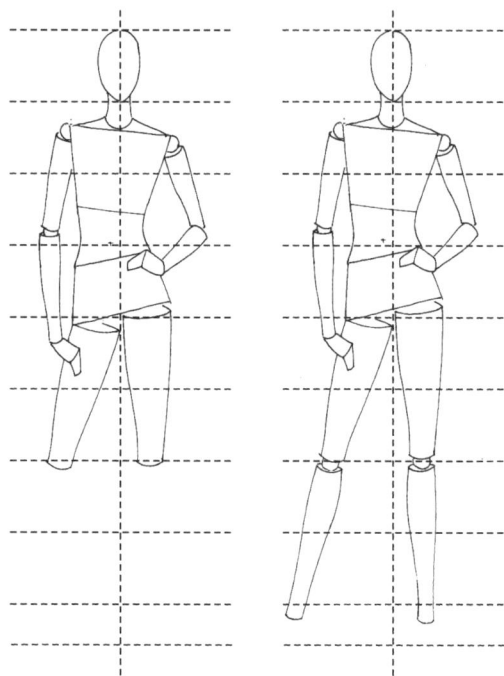

图2-1-16 步骤（9）和步骤（10）

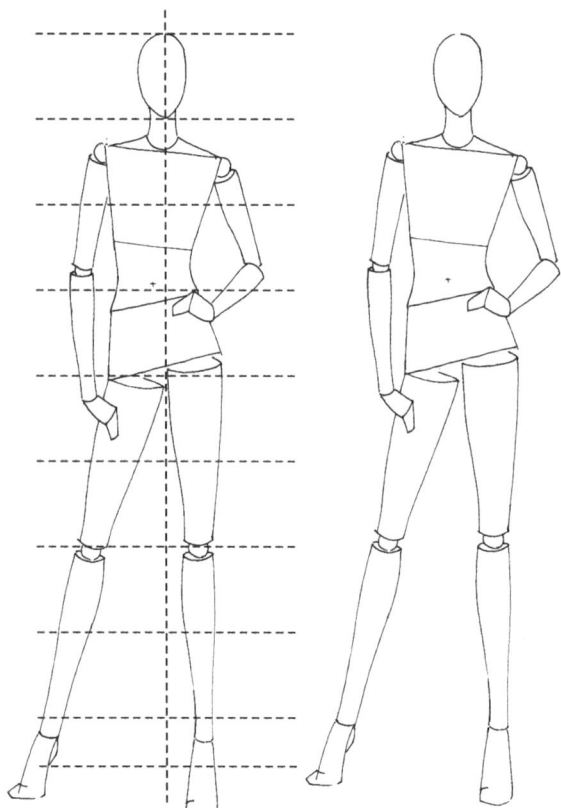

图2-1-17 步骤（11）和步骤（12）

图2-1-18 侧面几何人体姿势

任务二 正面服装肌肉人体的手绘表达

1.学习指南

（1）学习目标：本任务主要在于让学生掌握正确的人体比例，引导学生对写实人体与服装画人体的特征进行分析，在此基础上进行服装肌肉人体动态的手绘表达。

（2）学习形式参考：课前准备材料，课中实训、提问、讨论、答疑，课后拓展训练。

2.绘图工具

（1）准备一个不小于8K的画板，并准备一些A4纸和8K的卡纸。

（2）准备几支笔（0.5mm自动铅笔+勾线笔）。

（3）准备1块橡皮（但是尽量少用）。

（4）准备一根尺子（仅限初学者使用，等画熟练后可以慢慢脱离）。

3.任务实施

（1）以8.5头身的正面服装肌肉人体姿势为例，合理构图。先画出中心线，并按照具体的比例分段绘制出辅助线（图2-1-19）。

（2）由头顶至下颏绘制出服装人体的头，注意鹅蛋形的扭头姿势（图2-1-19）。

（3）绘制出圆柱体的脖子，颈窝点大约在第二头身的1/3处（图2-1-20）。

（4）在第二头身的1/2处定点肩端点的位置，并连接画出肩斜线。肩部的宽度大约为1.2头身（图2-1-20）。

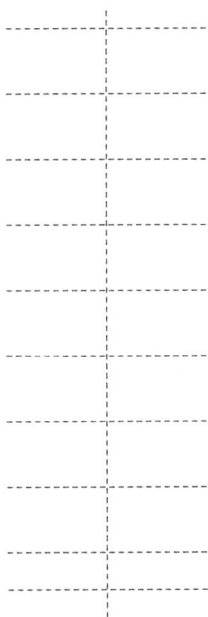

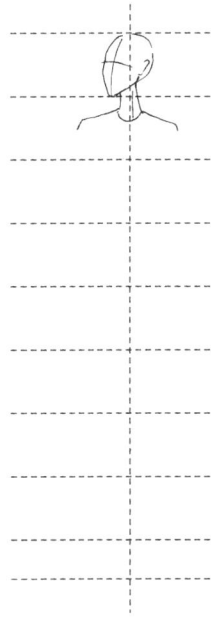

图2-1-19 步骤（1）和步骤（2）   图2-1-20 步骤（3）和步骤（4）

（5）用倒梯形绘制出女人体的胸腔，长度为1.3～1.5头身（图2-1-21）。

（6）描绘出胸部造型，注意表达出胸部饱满挺拔的生理特点（图2-1-21）。

（7）绘制女人体的上臂至腰部的位置，长度大约为1.5头身。注意肱三头肌及二头肌的表达（图2-1-22）。

（8）绘制出女人体的右前臂，长度大约为1.2头身。并画出手大约至第五个辅助线的位置，长度约为0.8头身。左前臂因为被身体遮挡，可在画完腹腔后再补充（图2-1-22）。

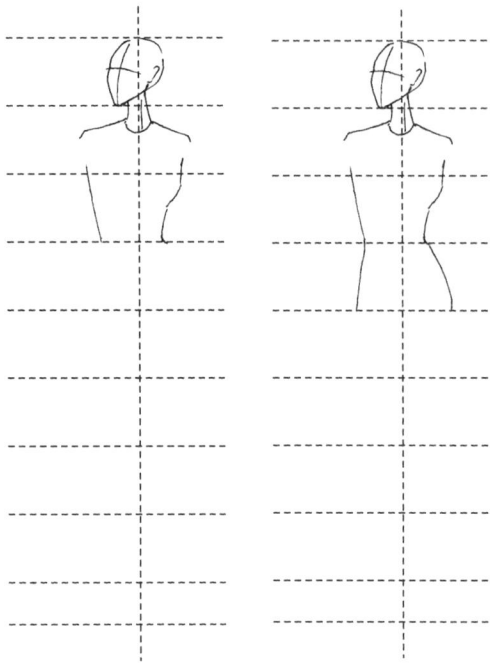

图2-1-21　步骤（5）和步骤（6）

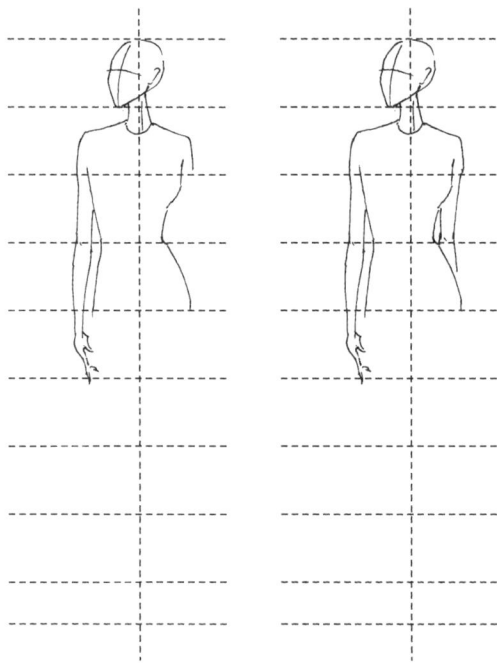

图2-1-22　步骤（7）和步骤（8）

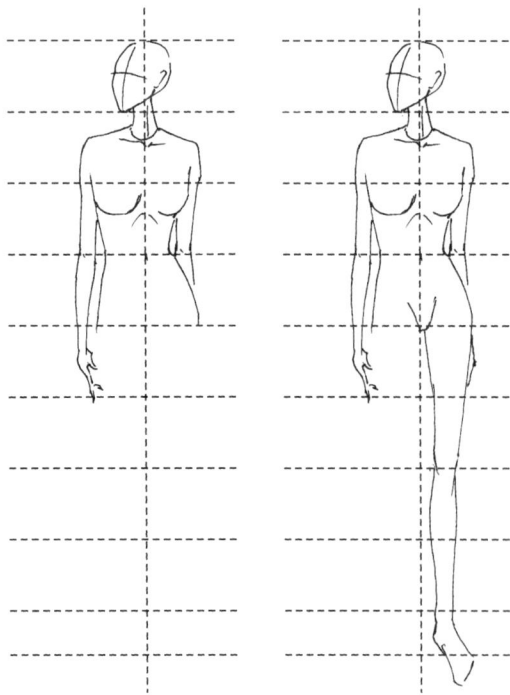

图2-1-23　步骤（9）和步骤（10）

（9）大约在第三头身的1/2处绘制出胸部，并完善胸部的造型以及锁骨的位置。绘制出女人体的腹腔部分，注意表达出人体扭胯的动态姿势（图2-1-23）。

（10）用圆柱体绘制出女人体的小腿部分，长度大约为2头身。与大腿的连接用圆形来表示，并大约处于第六头身的辅助线处（图2-1-23）。

（11）大约用0.5头身绘制出脚的部分，最后对线条以及比例等进行调整（图2-1-24）。

（12）擦掉所有的辅助线并完成正面服装肌肉人体表达图（图2-1-24）。

通过本项目的学习，学生可独立完成服装肌肉人体的手绘表达，并掌握人体结构和透视原理，通过线条的粗细、深浅和阴影的描绘来表现人体的立体感和肌肉的形态（图2-1-25）。

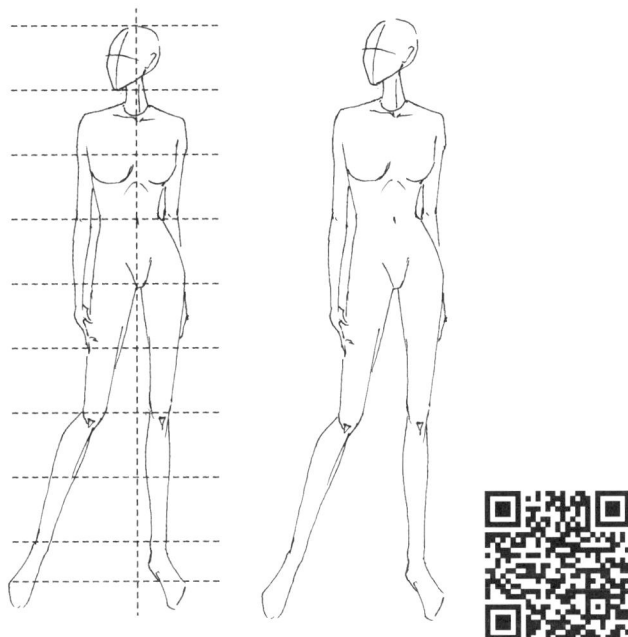

图2-1-24　步骤（11）和步骤（12）

（五）课后任务

（1）比较8.5头身和9.5头身女人体的区别，并指出区分二者的关键部位。

（2）绘制一个9.5头身的女人体的几何人体姿势。

（3）绘制一个背面肌肉女人体姿势表达图（图2-1-25）。

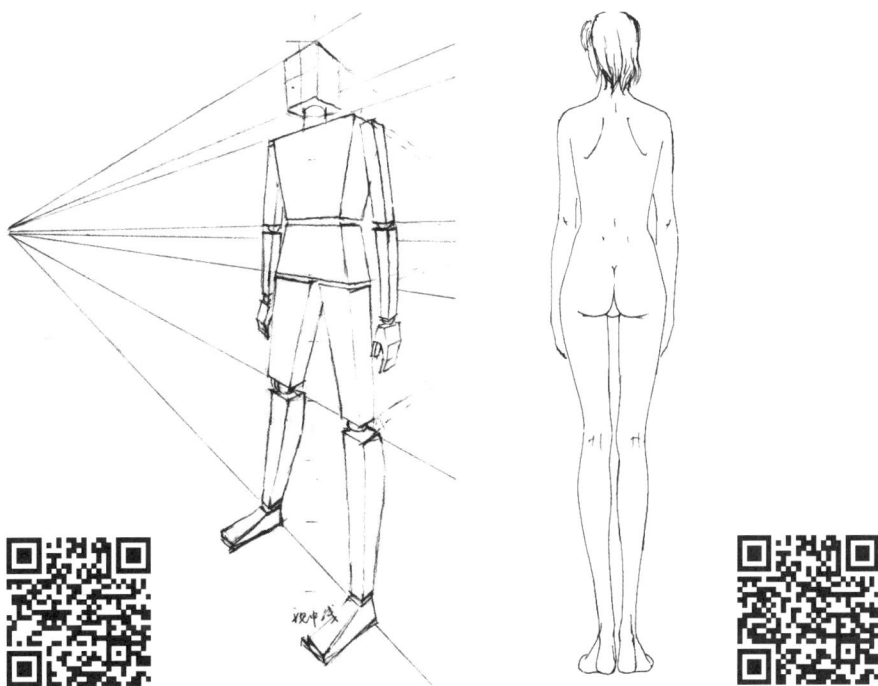

图2-1-25　人体透视+背面人体姿势表达

（六）优秀作品（图2-1-26~图2-1-32）

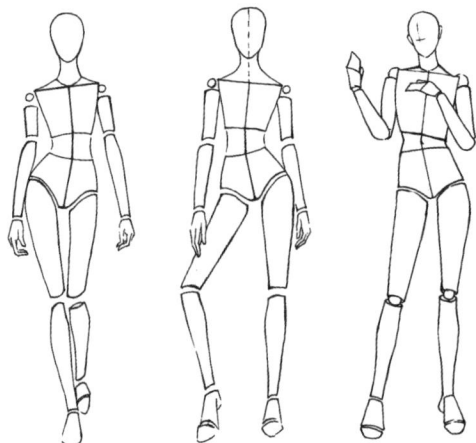

图2-1-26　正面几何人体姿势表达

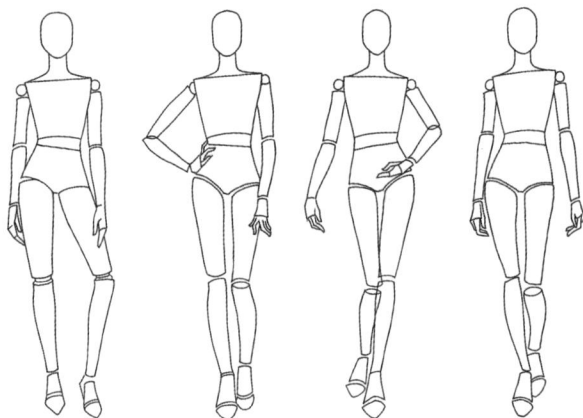

图2-1-27　8.5头身几何人体姿势表达

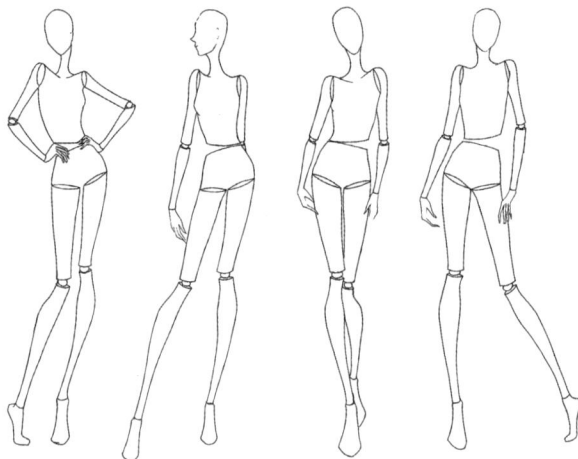

图2-1-28　11头身几何人体姿势表达

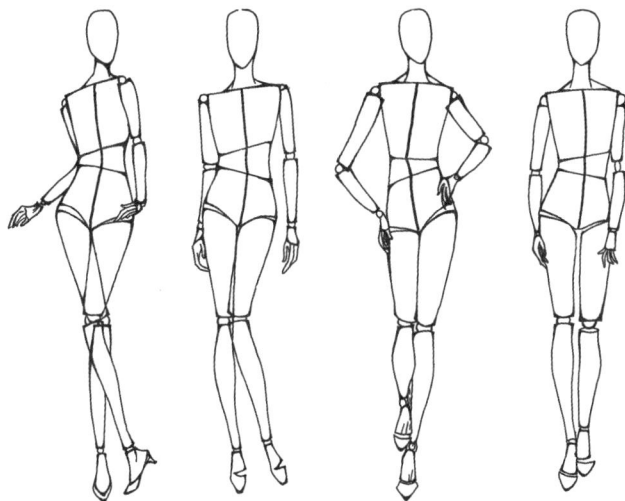

图2-1-29　几何人体姿势表达

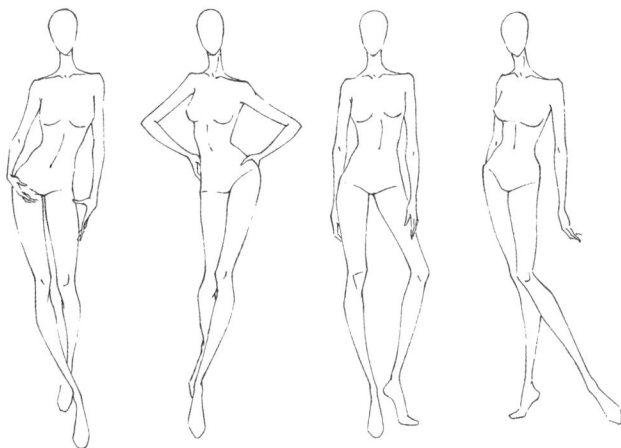

图2-1-30　11头身肌肉人体姿势表达

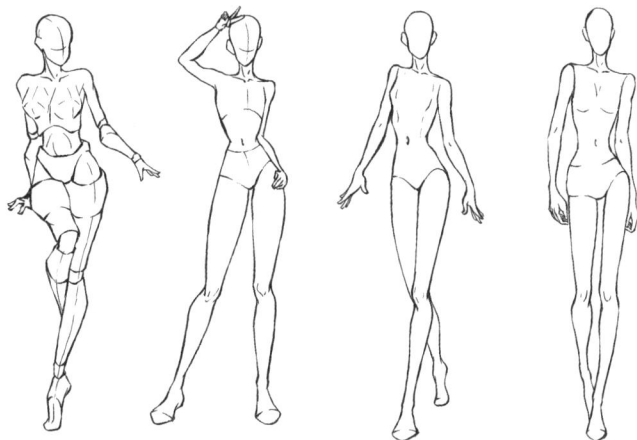

图2-1-31　肌肉人体姿势表达

图2-1-32 夸张动态肌肉人体姿势表达

（七）思考题

（1）服装人体的具体比例分段？

（2）人体发生运动，而后会呈现什么变化？

（3）中心线是否等同于重心线？

（4）人体的重心线一般会落在哪个腿？

单元二　着装人体姿态的手绘表达

一、着装人体的概念

着装人体是指给基础人体穿上各种衣物、饰品等，形成具有时尚感和个性特征的视觉效果。在手绘表达中，着装人体不仅需要掌握人体结构、比例和动态，还需要注意衣物在材质、款式和颜色等方面的表现（图2-2-1）。

着装人体姿态是指人们在穿着服装时的身体姿势和外观表现，着装人体姿态应该自然、挺拔、稳定，表现出自信和优雅的气质（图2-2-2）。

图2-2-1　着装人体动态

图2-2-2　礼服着装人体姿势

服装设计中，着装人体始终是设计师们至关重要的参考要素。人体形态、结构及运动特点不仅影响着服装的穿着舒适度，还关系到服装的功能性与美观性。因此，设计师在创作过程中需全面考虑这些因素，以满足消费者的需求。只有充分了解和把握这些特点，才能设计出既适合人体穿着，又具有舒适性、功能性和美观性的优质服装（图2-2-3）。

图2-2-3　格子呢大衣着装人体姿势

二、着装人体的审美标准

（一）着装审美的基本原则

着装审美首先要符合个人的身份、地位和所处的场合。不同场合对着装的要求也有所不同。正式场合，如商务会议、宴会等，要求着装端庄、大方；休闲场合，如度假、聚会等，要求着装舒适、轻松。

（二）着装与人体美的内在联系

着装不仅与人体美的外在表现密切相关，而且与人体美的内在气质、修养和品位也有着直接联系。得体的着装能够展示一个人的内在气质，使人体美更加立体和丰富。相反，不得体的着装则会让人感受到不协调、不和谐。

（三）着装对人体的修饰作用

着装是人体美的外在表现，它能够修饰和弥补人体自身的不足，使人体更加完美。得体的着装能够凸显人体优美的线条，掩盖身体的不完美之处。例如，合适的服装款式和颜色可以修饰身材比例，显得身材更加匀称。

三、套装着装人体的手绘实操

人体是表达服装产品的载体，其呈现的形态是服装结构的依据。服装产品的好看与否，直接通过人体来呈现及检验。对人体美的不同理解与表达，决定了服装造型的千变万化。服装应该符合人体的生理结构，并且与活动幅度等相适应。穿在人身上感觉非常舒适的同时，还应突出和增添人体的美感（图2-2-4）。

图2-2-4 着装人体动态

任务一 套装人体的手绘表达

（一）学习指南

1.学习目标

本任务主要在于让学生了解人体形态结构特征，掌握人体各部位比例，引导其在掌握正确人体动态的基础上进行套装着装人体动态的手绘表达。

2.学习形式参考

课前准备材料，课中实训、提问、讨论、答疑，课后拓展训练。

（二）绘图工具

（1）准备一个不小于8K的画板，并准备一些A4纸和8K的卡纸。

（2）准备几支笔（0.5mm自动铅笔+勾线笔）和1块橡皮。

（3）准备一根尺子（仅限初学者使用，等画熟练后可以慢慢脱离）。

（三）任务实施

1.裤套着装人体姿势的手绘表达

裤套人体姿势的手绘表达需要掌握正确的人体各部位的比例关系，如头身比例、肩宽与头长比例等。同时，要注意人体动态的呈现，如关节处的褶皱等。在表达时，注意在实际服装设计中，每个人的身体形状、比例和动态因素，以确保服装在现实穿着的合适性（图2-2-5、图2-2-6）。

图2-2-5　裤套着装人体动态1

图2-2-6　裤套着装人体动态2

2.裙套着装人体姿势的手绘表达

对于裙套人体姿势的手绘表达，同样需要关注人体各部位的比例关系和动态呈现。由于裙子的设计通常会根据人体的曲线进行造型，因此，对于臀部、腰部和腹部的曲线描绘尤为重要。此外，裙子在人体动态中的飘逸感也是手绘表达中需要注意的一点。

在绘制裙套人体姿势时，可以从基础的人体形态出发，先画出人体的中轴线，然后根据裙子的款式和设计要求，逐步描绘出裙子的形状和动态效果。同时，要注意把握好裙子的质感、纹理和颜色等细节元素，使手绘表达更加生动形象（图2-2-7、图2-2-8）。

图2-2-7　裙套着装人体动态1

图2-2-8　裙套着装人体动态2

　　总之，无论是裤套还是裙套着装人体姿势，手绘表达的关键在于对人体形态的准确把握以及对服装结构的深入理解。只有不断地练习和积累经验，才能更好地掌握手绘技巧，提高手绘表达水平。

（四）项目实践

1.项目目标

（1）了解人体形态结构特征。

（2）掌握人体各部位比例。

（3）了解套装与人体的关系。

（4）能进行套装着装人体动态的手绘表达。

2.评分标准

（1）比例正确并准确表达上装和裤装的工艺结构。

（2）比例正确并准确表达上装和半裙的工艺结构。

（3）细节刻画到位，线条流畅单线勾勒（图2-2-9～图2-2-11）。

图2-2-9　裤套着装人体姿势表达1　　图2-2-10　裤套着装人体姿势表达2　　图2-2-11　裙套着装人体姿势表达

（五）思考题

（1）套装着装人体姿势表达时需要掌握哪些知识？

（2）在手绘绘制裤套着装人体时的用线特点是什么？

（3）在手绘绘制裙套着装人体时的用线特点是什么？

（4）无论是裤套还是裙套着装人体姿势，手绘表达的关键是什么？

任务二　连衣裙着装人体的手绘表达

（一）学习指南

1.学习目标

本任务主要在于让学生了解人体形态结构特征，掌握人体各部位比例，引导其在掌握正确人体动态的基础上进行连衣裙着装人体动态的手绘表达。

2.学习形式参考

课前准备材料，课中实训、提问、讨论、答疑，课后拓展训练。

（二）绘图工具

（1）准备一个不小于8K的画板，并准备一些A4纸和8K的卡纸。

（2）准备几支笔（0.5mm自动铅笔＋勾线笔）和1块橡皮。

（3）准备一根尺子（仅限初学者使用，等画熟练后可以慢慢脱离）。

（三）任务实施

连衣裙作为女性喜爱的时尚单品，既能展示女性的优雅气质，也能体现时尚品位。在手绘表达连衣裙着装人体姿势时，要注重整体比例和结构的把握。从头部、肩膀、腰部到腿部，要注意线条的流畅和协调。此外，还要注意连衣裙的褶皱、线条和款式，与人体姿势结合，使画面更加丰富和立体（图2-2-12）。

图2-2-12　连衣裙的着装人体姿势

了解连衣裙褶皱的类型，有助于在选购和搭配连衣裙时，更好地把握服装的款式、风格和穿着效果。在实际穿着过程中，根据场合和个人喜好，选择合适的褶皱类型，使连衣裙更具魅力和个性。连衣裙褶皱的类型可以分为以下几种。

1.自然褶皱

自然褶皱是连衣裙在穿着过程中，由于面料的弹性、垂感和重量等因素产生的褶皱。这种褶皱使连衣裙更具立体感，增添了优雅的视觉效果。自然褶皱通常出现在裙摆、袖子和腰部等位置（图2-2-13）。

2.设计褶皱

设计褶皱是根据设计师的创意，通过车缝或手工制作出的褶皱。这种褶皱主要用于装饰连衣裙，提升服装的设计感。设计褶皱的类型繁多，如规律的波浪褶、浪漫的蝴蝶褶、简约的盒型褶等（图2-2-14）。

图2-2-13　连衣裙的自然褶皱

图2-2-14　连衣裙的设计褶皱

3. 功能褶皱

　　功能褶皱主要用于改善连衣裙的穿着舒适度和实用性。例如，在连衣裙的胸部、肩部和腰部等部位设置褶皱，可以提高服装的蓬松度，遮盖身体的不完美之处。此外，功能褶皱还可以用于调节连衣裙的长度，使穿着者在不同场合灵活变换造型（图2-2-15）。

图2-2-15 连衣裙的功能褶皱

4. 工艺褶皱

工艺褶皱是通过特定的工艺手法制作出的褶皱，如烫褶、缝褶、编褶等。这种褶皱能使连衣裙更具质感和立体感，呈现出丰富的层次感。工艺褶皱通常应用于礼服、婚纱等高端服装领域（图2-2-16）。

图2-2-16 连衣裙的工艺褶皱

　　因此，在绘制连衣裙着装时，要注意褶皱的分布和走向，而且褶皱也必须符合人体动作和连衣裙款式。同时，可以根据人物的性格和气质，选择合适的连衣裙颜色、图案和面料。总之，在绘制连衣裙着装人体姿势时，要注重整体比例、结构、线条和细节的把握。同时，还要关注人物的性格、气质和动作，使画面更加生动和逼真。通过不断练习和提高，就可以掌握连衣裙着装人体姿势的手绘技巧，创作出独具魅力的作品（图2-2-17）。

图2-2-17　连衣裙着装人体姿势

（四）项目实践

1. 项目目标

（1）了解人体形态结构特征。

（2）掌握人体各部位比例。

（3）了解连衣裙与人体的关系。

（4）能进行连衣裙着装人体动态的手绘表达（图2-2-18）。

2. 评分标准

（1）比例正确并准确表达连衣裙的工艺结构。

（2）注意连衣裙褶皱的正确表达。

（3）细节刻画到位，线条流畅单线勾勒。

（五）思考题

（1）连衣裙着装人体姿势表达时的用线有什么特点？

（2）在绘制连衣裙着装时需注意什么？

（3）连衣裙的褶皱一般有哪几种？

（4）在手绘表达连衣裙着装时，如何理解褶皱的分布和走向？

图2-2-18　连衣裙着装
人体姿势表达

下装产品的款式图表达

单元一　半裙款式图表达

一、半裙的概念

半裙，也称半身裙，是围于下半身的一种服装单品，属于下装两种基本形式之一（另一种是裤装）。半裙作为所有服装里结构最简单而变化最丰富的单品，渐渐成为女性衣橱里不可或缺的单品之一。裙装在春夏季节女性的消费单品中占据重要的比例，半裙的款式和色系选择同样也是丰富多样的，在搭配单品中也是最优的选项。百褶裙是最受欢迎的廓型之一，经典、优雅、百搭。其已成为学院派时尚的标志，并以优雅、时尚的造型亮相（图3-1-1）。

图3-1-1　百褶半裙款式

半裙核心单品——喇叭裙展现出超强的简约感。在零售端，长款裙成为最前卫的设计，而中长款板型则更符合市场需求。实用口袋增添时髦细节，而正中开衩成为必备实用设计。直筒裙型将继续流行，根据预测分析工具，铅笔裙将处于持续增长期。在A字裙和伞裙系列中，采用不对称下摆造型。工装风半身裙引入复古20世纪90年代风格细节，加入量感贴袋设计，增添前卫时髦质感的同时更具实用性能（图3-1-2）。

图3-1-2　裙装的内部结构

二、半裙的廓型变化

半裙的廓型变化丰富多样，它的外形线变化离不开人体下半身的基本体型。因此，我们应该用立体的概念去理解裙子的廓型变化。决定裙子外形线变化的主要部位是人体的腰、臀及下摆线。

（一）A型

又称为正三角形。廓型的特征是收紧腰部，向下至底边线慢慢呈现放宽状态。臀部趋于宽松，裙摆向外展开，近似于英文字母"A"。此廓型给人简洁、奔放、青春活力的视觉效果，适合在各个季节穿着。A型的裙子能与各类上衣进行搭配穿着，而且对年龄和体型的要求不是很高。

（二）H型

又称为矩形或者长方形。廓型的特征是整体呈现一个箱式的外轮廓，如筒裙、直身裙都是典型的H型裙装。因为此廓型比较合体，所以基本上会在裙子的后中线或者侧缝线开衩，以满足人体的运动机能。

（三）O型

又称为球型。廓型的特征是腰围和底边收紧，臀部趋于膨胀状态。此廓型款式因为下摆比较收紧，活动量较小，适合比较优雅的女性穿着。

三、半裙的类型

（一）超短裙

也称迷你裙（Mini Skirt），是一种裙摆长度在臀部以下大腿上部的位置的半裙。迷你裙比较适合清纯可爱的女生穿着，露出 3/5 的美腿。适合细腿的小个子女生穿着，吸睛的同时又可以拉长下半身的比例（图3-1-3）。

图3-1-3　超短裙款式

（二）包臀裙

包臀裙是一种紧紧包住下半身曲线且比较贴身的裙装，多为短款（长款一般会开衩，板型更偏 H 型），裙摆略收，跟没有鱼尾的鱼尾裙相似，紧身的设计能够恰到好处地展现身材的曲线。但包臀裙对于身材的要求极高，是非常有女人味的一款裙装（图3-1-4）。

图3-1-4　包臀裙款式

（三）A字裙

A字裙，廓型呈现英文字母"A"，是一种腰部贴身但裙摆逐渐变宽呈现喇叭状的裙子。A字裙是一种比较好穿的裙型，短款A字裙俏皮减龄，比较适合小个子女生；长款A字裙适合梨型身材女生。因为裙身逐渐散开，对于胯宽大腿粗的身材，有很好的修饰效果（图3-1-5）。

图3-1-5　A字裙款式

（四）直身裙

直身裙，又称"直筒裙"。不像A字裙那般张扬，也不像包臀裙那般紧绷，其松紧适度。直身裙按设计风格分类，属于非常百搭的款式。直身裙廓型介于包臀裙和A字裙之间，裙子特点直上直下。整体呈现"H"型线条，一般过膝盖。剪裁利落没有弧度，可以很好地修饰腿型，显得腿部线条又长又直。直身裙直线条的设计轻松塑造职场女性干练的风格，是白领丽人（OL）必备的通勤单品（图3-1-6）。

图3-1-6　直身裙款式

（五）鱼尾裙

鱼尾裙是指裙体呈鱼尾状的裙子。腰部、臀部及大腿中部呈合体造型，往下逐步放开下摆，展成鱼尾状。开始展开鱼尾的位置及鱼尾展开的大小不同，体现的气质也不同。膝盖以上的短款鱼尾裙，展开鱼尾的位置在大腿，相对更加俏皮，穿起来活泼青春；膝盖以下的长款鱼尾裙，相对更加成熟，体现的是优雅、妩媚的感觉（图3-1-7）。

图3-1-7　鱼尾裙款式

（六）褶裥裙

褶裥裙是指裙身由许多细密或比较规律垂直的褶皱构成的裙子。一般分为两大类：一类是自然产生的碎褶裙，通常没有规律，很适合一些爱起褶皱的料子，如棉布、丝绸等，起了褶皱反而更有设计感。另一类就是工艺结构制作的，由有规则的褶皱组成的裙子，通常在臀围以上部位为收拢绱缝的裥，臀围线以下为烫出的活褶（图3-1-8）。

图3-1-8　褶裥裙款式

四、半裙款式图的手绘实操

任务一　不规则底摆百褶裙的表达

（一）学习目标

通过本任务学习，达到以下目标。

（1）能了解不规则底摆百褶裙款式的内部结构特点。

（2）熟悉不规则底摆百褶裙的零部件设计。

（3）熟悉不规则底摆百褶裙的风格类型。

（4）能正确表达不规则底摆百褶裙的造型。

（二）基本概念

百褶裙是指裙身由许多细密垂直的褶皱构成的裙子，也称为碎褶裙、密褶裙，是一种腰部紧身、下摆呈现数条褶皱的女式裙装。百褶裙由于长短、褶皱粗细、面料、图案的不同，风格也千变万化。百褶裙因为风琴褶的设计而自带一股优雅感，由于满满的褶皱，走动间能体现出优雅又轻盈的感觉。缺点是百褶裙密集的压条设计会自带膨胀感。所以现如今很多设计师采用局部压褶，使裙子的设计细节更加丰富多变（图3-1-9）。

（三）款式分析

这款百褶裙（图3-1-10）凸显了裙子的女性化特点，给人一种时尚而实用的感觉。下摆采用不对称设计，裙长最短处约膝盖下10厘米，最长处到达脚踝。略低腰设计，裙腰在自然腰围和臀围1/2处，臀部略宽松，底摆呈发散状态。百褶裙选用柔软的、有光泽质感、有流动感的压皱面料，展现出半裙的流动感和轻盈感，增添了女性魅力和优雅气质。

图3-1-9　百褶裙的不同类型

图3-1-10　不规则底摆百褶裙
款式分析

（四）项目实践

不规则底摆百褶裙评分标准

（1）水平及垂直辅助线左右对称。

（2）构图合理、左右对称，工艺结构的表达准确。

（3）比例准确，细节刻画到位。

（4）褶裥及不对称底摆的表达正确（图3-1-11）。

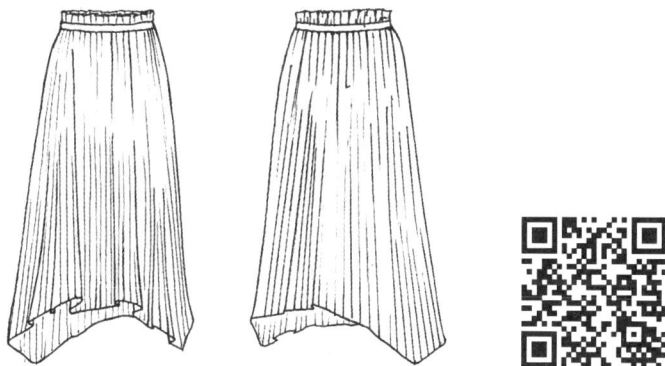

图3-1-11　不规则底摆百褶裙款式表达

（五）学生优秀作品（图3-1-12～图3-1-15）

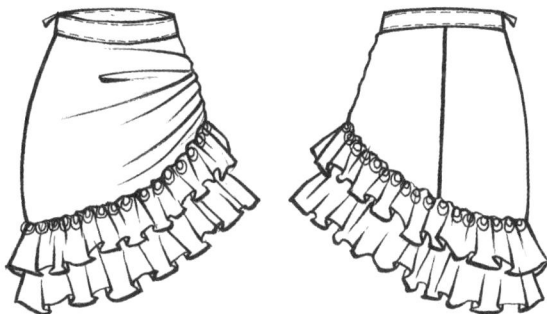

图3-1-12　木耳边褶裥半裙款式表达

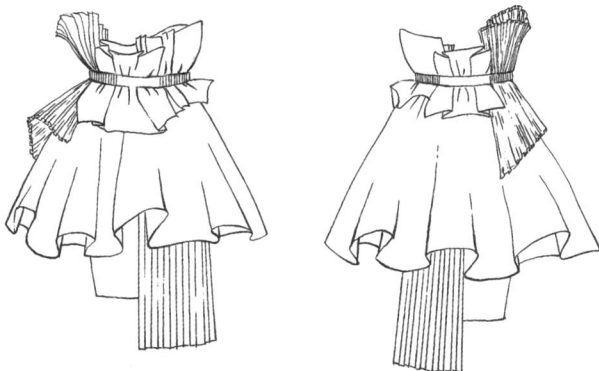

图3-1-13　褶裥裙款式表达

图3-1-14　不对称底摆褶裥裙款式表达

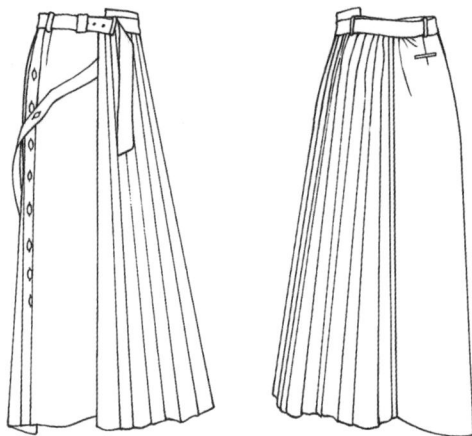

图3-1-15　不对称褶裥裙款式表达

（六）思考题

（1）表达百褶裙款式图的线条需要注意什么特征？

（2）百褶裙不规则底摆的表达要点。

（3）能展现出半裙流动感和轻盈感的面料有哪些特点？

（4）能体现女性魅力和优雅气质的半裙类型有哪些？

任务二　荷叶边铅笔半裙的表达

（一）学习目标

通过本任务学习，达到以下目标。

（1）能了解荷叶边铅笔半裙款式的内部结构特点。

（2）熟悉荷叶边铅笔半裙的零部件设计。

（3）熟悉荷叶边铅笔半裙的风格类型。

（4）能正确表达荷叶边铅笔半裙的造型。

（二）基本概念

　　铅笔半裙是紧紧包住下半身曲线的裙子，长度一般过膝。铅笔裙对于身材的要求极高。其大多是中长款式，经常会用于职场风的穿搭，超级修身的设计会展现出身材曲线，轻松搞定女人味穿搭（图3-1-16）。

（三）款式分析

　　铅笔及膝半裙，羊毛质地面料，裙摆不对称设计，荷叶边拼接设计。这种设计细节的运用为半裙注入了一丝优雅柔美的女性风采，吸引更多时尚消费者的关注和喜爱。腰围、臀围比较贴合人体，下摆的荷叶边略微展开。裙身面料质感柔软，侧边有斜插袋设计（图3-1-17）。

图3-1-16　不同风格的铅笔半裙

图3-1-17　荷叶边铅笔半裙款式分析

（四）项目实践

荷叶边铅笔半裙评分标准

（1）水平及垂直辅助线左右对称。

（2）构图合理、左右对称，工艺结构的表达准确。

（3）比例准确，细节刻画到位。

（4）荷叶边底摆的表达正确（图3-1-18）。

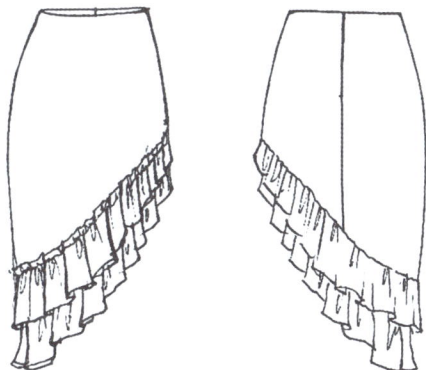

图3-1-18　荷叶边铅笔半裙款式表达

（五）学生优秀作品（图3-1-19~图3-1-24）

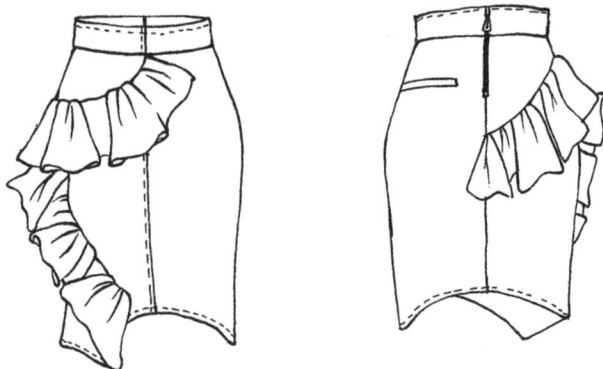

图3-1-19　木耳边铅笔半裙款式表达

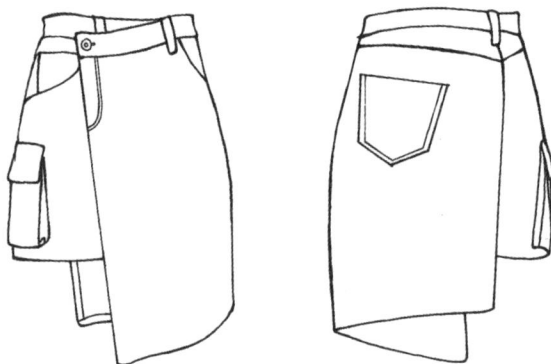

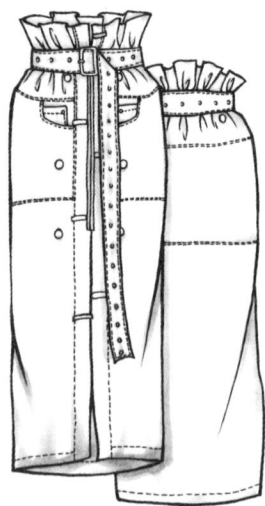

图3-1-20　不对称铅笔半裙款式表达

图3-1-21　前开襟铅笔半裙款式表达　　　　图3-1-22　高腰铅笔半裙款式表达

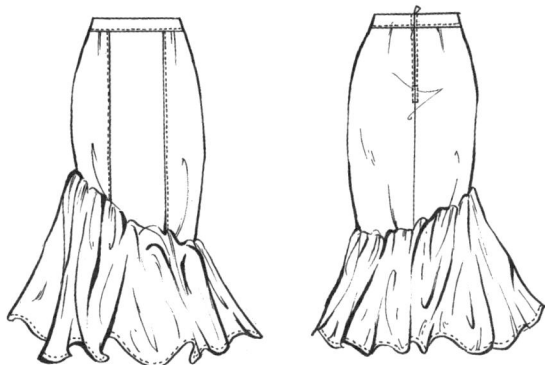

图3-1-23 波浪褶底摆铅笔半裙

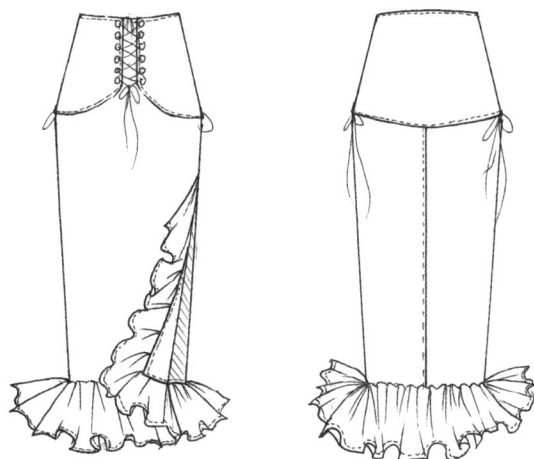

图3-1-24 褶裥底摆铅笔半裙款式表达

（六）思考题

（1）荷叶边铅笔半裙呈现的是什么风格？

（2）铅笔裙的廓型特征是什么？

（3）荷叶边铅笔半裙的用线特点是什么？

（4）荷叶边铅笔半裙的底摆应该如何表达？

任务三 A字裙款式图的表达

（一）学习目标

通过本任务学习，达到以下目标。

（1）能了解A字裙款式的内部结构特点。

（2）熟悉A字裙款式的零部件设计。

（3）熟悉A字裙款式的风格类型。

（4）能正确表达A字裙款式的造型。

（二）基本概念

A字裙是指裙身呈现出从腰部向下逐渐扩展的轮廓，形似大写字母"A"。这种廓型设计使得半裙在穿着时更加舒适自然，能够很好地展现女性的优雅和曲线美。A字裙的裙片较宽，可以给人更多的视觉空间，不但巧妙地遮住了大腿的曲线，也使小腿不过分凸现。加上百褶、荷叶等时尚元素，是大部分女性衣橱中不可或缺的时尚单品。A字廓型的半裙通常搭配多种面料，如蕾丝、丝绸、棉质等，以及不同的图案和颜色。给人一种时尚而实用的感觉，以满足消费者的多样化需求（图3-1-25）。

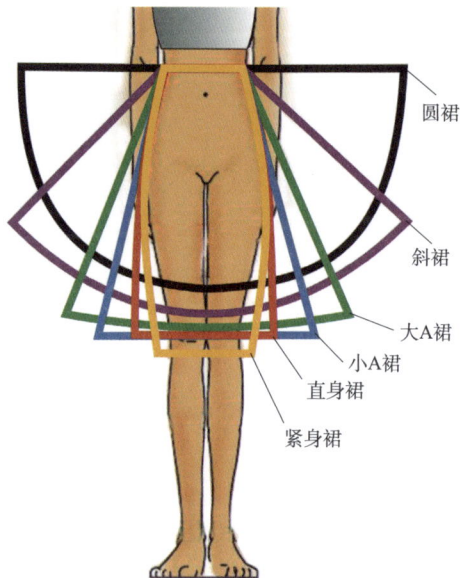

图3-1-25　裙摆的大小

（三）项目实践

A字廓型半裙评分标准

（1）水平及垂直辅助线左右对称。

（2）构图合理、左右对称，工艺结构的表达准确。

（3）比例准确，细节刻画到位。

（4）A字廓型及褶裥的表达正确（图3-1-26）。

图3-1-26　A字廓型半裙款式表达

（四）学生优秀作品（图3-1-27～图3-1-32）

图3-1-27　A字廓型半裙款式表达1

图3-1-28　A字廓型半裙款式表达2

图3-1-29　不对称褶裥A字裙款式表达1

图3-1-30　不对称褶裥A字裙款式表达2

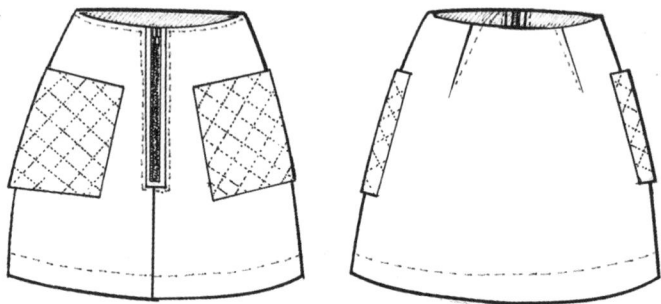

图3-1-31　大口袋A字裙款式表达

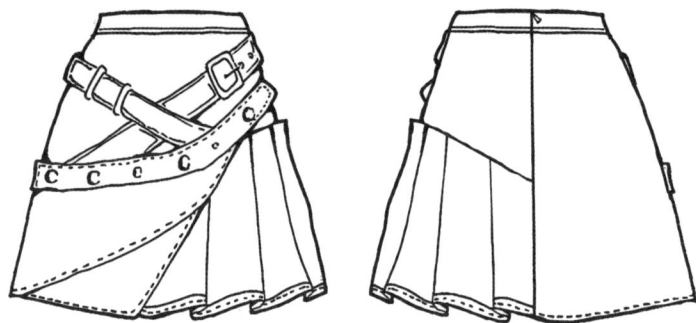

图3-1-32　顺褶绑带A字裙款式表达

（五）思考题

（1）A字裙呈现的是什么风格？

（2）A字裙的廓型特征是什么？

（3）A字裙的受众人群是哪些？

（4）A字裙的风格类型包括哪些？

单元二　裤装款式图表达

一、裤装与人体体型结构的关系

（一）裤装与人体工效学

裤装必须包裹人体的腹部、臀部和腿部三个部分，而人体的腹部与臀部是比较复杂的曲面体，所以裤装必须满足女性下半身的静态体态及动态变形的需要（图3-2-1）。

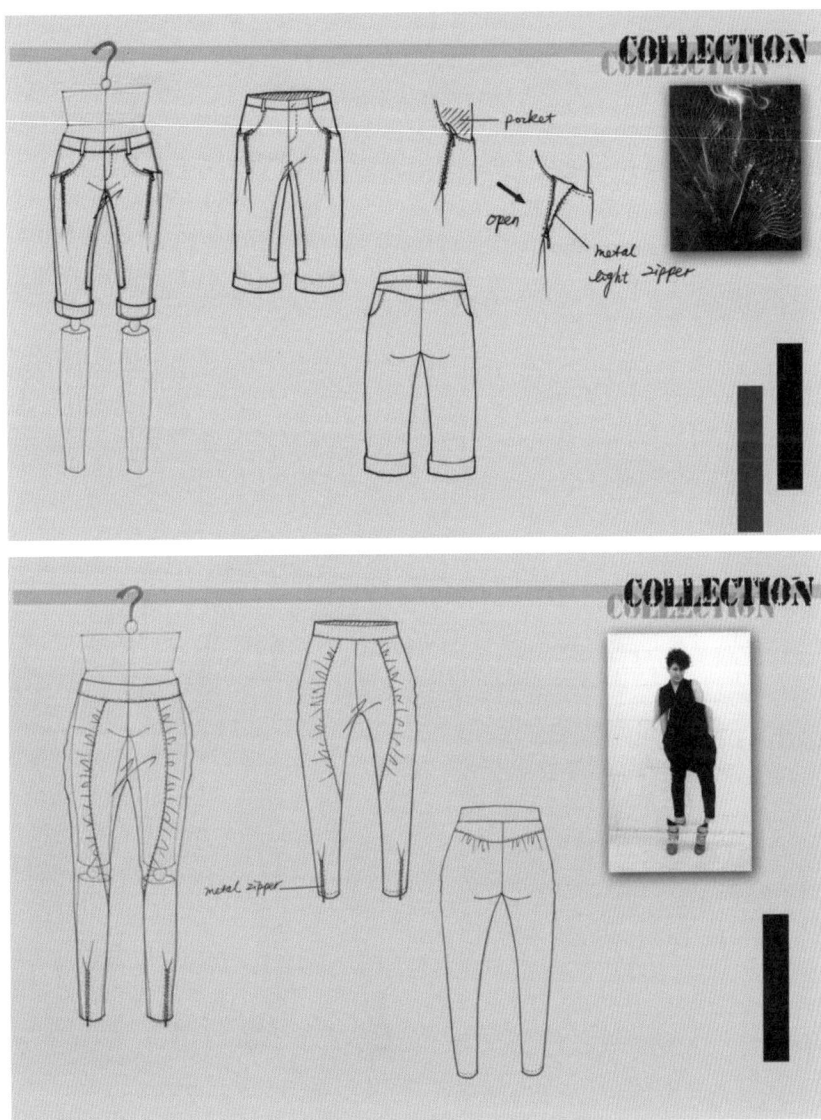

图3-2-1　裤装的结构

（二）人体腰臀部形态特征

腰臀差的结构处理是裤装结构设计的关键部分，它决定了裤装外观款式造型和舒适性。腰、臀部的截面差异如图3-2-2所示，图中可以看出两者在前中线至侧缝线部位差异不大（ $a \sim d$ ），仅在数量上臀围（HL）大于腰围（WL），在后中线至侧缝线部位差异很大（ $e \sim h$ ）。

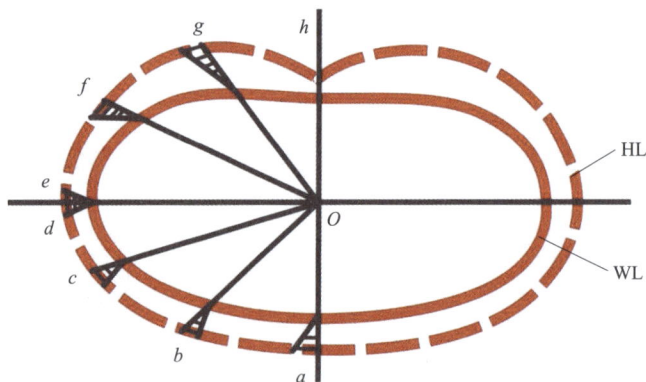

图3-2-2　腰、臀部的横截形态特征

二、裤装的类型

裤子是腰部以下所穿的主要服饰之一。纵观整条裤子的轮廓，是由裤长、上裆长、腰围、臀围、横裆、中裆及裤口等几个部位构成。裤装有多种分类及设计，穿着方式也多种多样。但就其类型来说不外乎紧身型、适身型、松身型三种变化（图3-2-3）。

紧身裤是潮流的重点，改变以往的配角地位，可以打造出各类不同风格的必备单品。

PART 1　紧身型

PART 2　适身型

设计剪裁高腰的长裤，臀部和大腿处也要宽松。

PART 3　松身型

潮流趋势聚焦于上半身造型，易于搭配的阔腿裤持续受到青睐。

图3-2-3　裤装的类别

具体的裤子分类可按照以下几个方面。

（一）按长度分类

按照长度来分，可分为长度在膝盖以上的短裤；长度在膝盖上方至小腿部位的中裤；长度在小腿下方，约占小腿的3/4的七分裤；长度在小腿下方，约占小腿的2/3的九分裤；长度在小腿上方至脚踝的长裤等（图3-2-4）。

（二）按板型分类

裤装的板型关键看裤子的款式和形状，按照板型来分，可分为直筒裤、西裤、阔腿裤、锥形裤/铅笔裤/小脚裤、喇叭裤、斜裁裤等。

1. 直筒裤

裤脚直筒，整体呈直立状态。直筒裤上下一样宽，是很

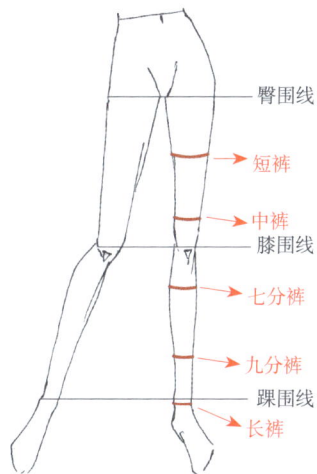

臀围线
短裤
中裤
膝围线
七分裤
九分裤
踝围线
长裤

图3-2-4　裤装的长度

简约百搭的款式，而且对修饰腿型也有很好的效果。直筒以其干净利落的造型为标签，由于脚口较大（与中裆宽度相同），裤管挺直，所以给人以整齐、稳重之感（图3-2-5）。

图3-2-5 直筒裤造型

2.西裤

一般与西装成套穿用，在造型上比较注意形体的协调性以适合办公室及社交场合穿着。挺括的轮廓线采用中性利落剪裁方式，非常符合成熟女性的气质。对于女性的身材有着一定的修饰性，而且看上去中性感十足。中高腰的款式配以局部小细节，将身材的比例强调出来凸显效果（图3-2-6）。

图3-2-6 西裤造型

3.阔腿裤

裤脚相对宽松，腿部宽松自然展开。通过柔软的面料、廓型加大让阔腿裤更具包容性，适配各种不同身型的消费者。宽松及地的裤腿极大地拉伸线条比例，同时精致的腰部褶皱设计也为裤装单品带来了吸睛的效果（图3-2-7）。

图3-2-7 阔腿裤造型

4.锥形裤

这一类裤子的特点是臀部比较宽大，中裆以下慢慢收紧，达到上宽下紧比较修身的效果。裤脚处采用高开衩、束口搭扣、束口褶裥等裤口处理，打造多重穿着效果。脚口开衩可与裤身形成缩张对比，前卫精致。可调节的松紧下脚使穿着更为灵活舒适，脚口处的堆量使整体营造出一种慵懒的舒适氛围（图3-2-8）。

图3-2-8 锥型裤造型

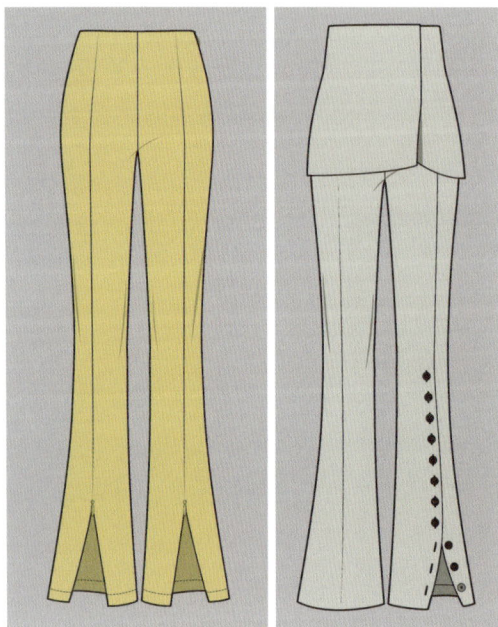

图3-2-9 喇叭裤造型

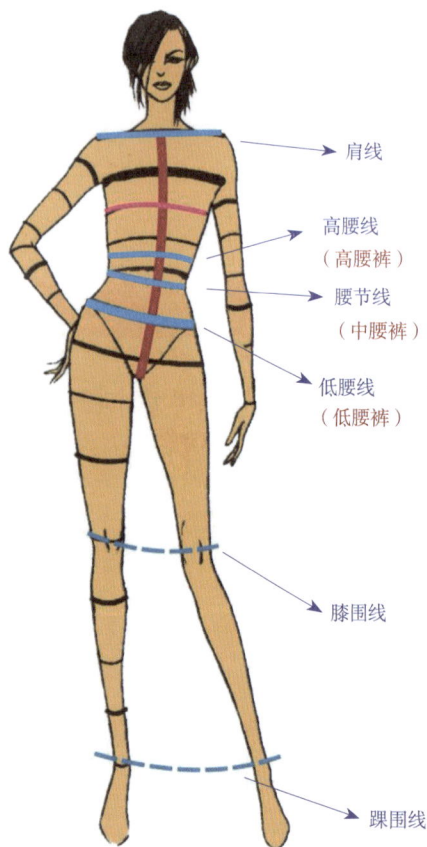

图3-2-10 裤装的腰线

5.喇叭裤

裤腿自膝以下向外扩张，裤腿形如喇叭。上小下宽，有大喇叭和小喇叭之分。简洁流畅的微喇设计改善了传统喇叭裤的拖沓感，更显轻松自如，实用性也大大提升。流畅利落的裁剪是突出廓型效果的关键，裤脚处可采用适度的装饰性元素，同时套装搭配是常规选择（图3-2-9）。

（三）按腰线分类

按腰节线划分裤装，可分为高腰裤、中腰裤和低腰裤。高腰裤的腰节线在腰部以上，穿起来比较修身，也适合职业人士穿着；中腰裤的腰节线在腰部正中间，适合职业人士穿着；低腰裤的腰节线在臀部以下，相对来说比较休闲，因此适合日常穿着（图3-2-10）。

（四）按廓型来分

可分为长方形（筒形裤）、倒梯形（锥形裤）、梯形（喇叭裤）、菱形（马裤）。这四种裤子的结构组合构成了裤子造型变化的内在规律。

三、裤装款式图的手绘实操

任务一 牛仔裤款式图的表达

（一）学习目标

通过本任务学习，达到以下目标。

（1）能了解牛仔裤款式的内部结构特点。

（2）熟悉牛仔裤的零部件设计。

（3）能对牛仔裤内部造型进行分析。

（4）能正确表达牛仔裤内部造型结构。

（二）基本概念

牛仔裤又称"坚固呢裤"，一般采用牛仔布等靛蓝色水洗面料。一年四季最常穿的款式之一就是牛仔裤。牛仔裤的可塑性非常强，呈现的形式也是千变万化，有利用环保工艺打造石洗效果、砂磨效果、起毛效果以及粗缝效果等，让色彩更有层次感，重塑天然褪色的设计；也有用脏脏色、大地色系套染、喷绘色素、漂白、酸洗、Y2K千禧年水洗等工艺，重塑污染效果外观和极致复古的逼真做旧效果的设计；更有经久不衰的毛边或破洞处理效果的设计等（图3-2-11）。

（三）款式分析

经典的直筒牛仔裤越来越流行，是穿着者从紧身款到宽松款的入门款式。该款式方便易穿，侧缝从臀围线开始向前中线延伸至脚口。分割线设计既满足裤装的实用细节，又为款式增添新意、增加视觉亮点。前片仍采用经典的月牙挖袋设计，搭配喷绘色素效果为经典款式注入焕新活力（图3-2-12）。

图3-2-11 牛仔裤不同效果呈现   图3-2-12 直筒牛仔裤

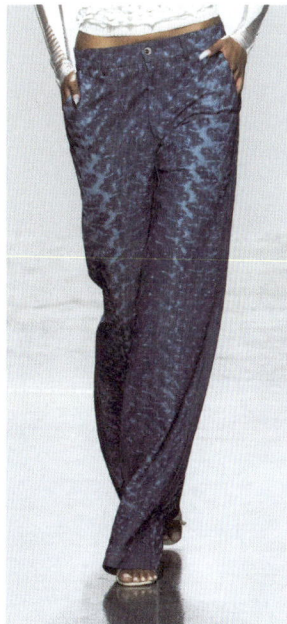

（四）项目实践

1.项目目标

（1）能分解牛仔裤的零部件组成部分。

（2）熟悉牛仔裤的风格特点。

（3）能进行牛仔裤款式图的手绘表达（图3-2-13）。

2.评分标准

（1）比例正确并准确表达牛仔裤的工艺结构。

（2）整体左右对称，注意侧缝往前延伸的分割线造型。

（3）细节刻画到位，线条流畅，单线勾勒。

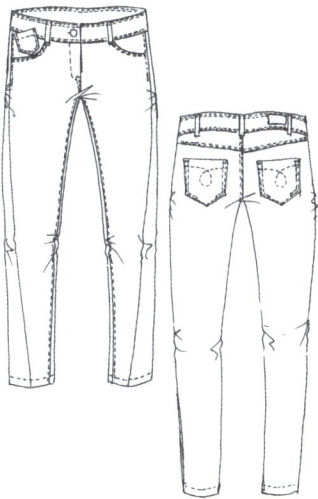

图3-2-13 牛仔裤款式表达

（五）学生优秀作品（图3-2-14～图3-2-17）

图3-2-14　双腰头设计牛仔裤款式表达

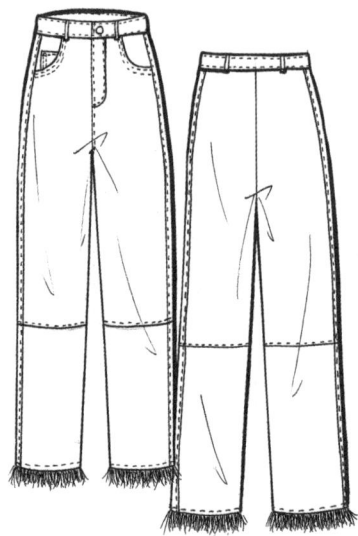

图3-2-15　拉毛脚口直身牛仔裤表达

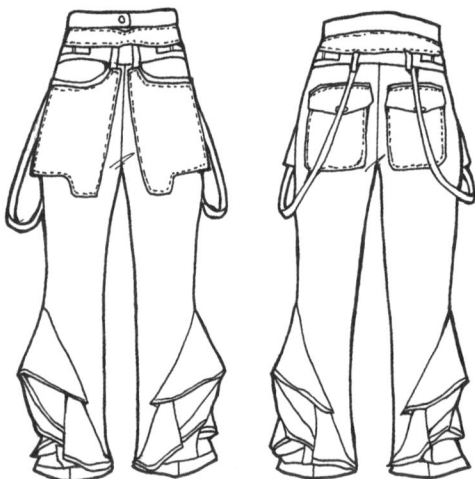

图3-2-16　荷叶边脚口牛仔裤款式表达

图3-2-17　喇叭廓型牛仔裤表达

（六）思考题

（1）牛仔裤的面料有哪些处理方式？

（2）表达牛仔裤的缝缉线是用0.1cm还是0.6cm？

（3）在牛仔裤的后腰部分的育克设计有什么功能？

（4）表达牛仔裤款式图的用线特点是什么？

任务二　水桶工装裤款式图的表达

（一）学习目标

通过本任务学习，达到以下目标。

（1）能了解工装裤款式的内部结构特点。

（2）熟悉工装裤的风格特点。

（3）能对工装裤内部造型进行款式分析。

（4）能正确表达工装裤款式图（图3-2-18）。

（二）基本概念

　　工装裤，又称冲锋裤，是指一种经过特殊设计和材料选择的裤子，通常用于工作场所和工作任务。功能上，工装裤通常拥有耐磨性、防水、防风、抗静电、抗细菌等特点，以满足工作时所需的高强度、高耐用等性能要求。外观上，工装裤与其他裤子相比，通常更加宽松，且具有多个口袋和配件，便于携带工具和物品（图3-2-19）。

图3-2-18　工装裤手绘表达

（三）款式分析

　　此款水桶工装裤自带休闲气息，穿感舒适自在、实用休闲。腰线位置约在自然腰线以下3cm，裤长八分约脚踝骨以上5cm。以宽松的水桶裤为廓型，增加巧妙实用的口袋细节，在脚口处增加可调节绳带等多功能和易穿搭设计，实用细节的设计将该款式引入更休闲的领域。宽松的廓型展现轻松舒适感，可调节的松紧脚口使穿着更为灵活舒适，脚口处的堆量使整体营造出了一种慵懒的舒适氛围（图3-2-20）。

图3-2-19　工装裤款式　　　　　　　　图3-2-20　水桶工装裤

（四）项目实践

1.项目目标

（1）能了解水桶工装裤款式的结构特点。

（2）熟悉水桶工装裤的风格特点。

（3）能对水桶工装裤进行款式分析。

（4）能正确绘制水桶工装裤款式图（图3-2-21）。

2.评分标准

（1）比例正确并准确表达工装裤的工艺结构。

（2）不同风格口袋所呈现的效果。

（3）整体左右对称，注意束脚口的造型（图3-2-22）。

（4）细节刻画到位，线条流畅，单线勾勒。

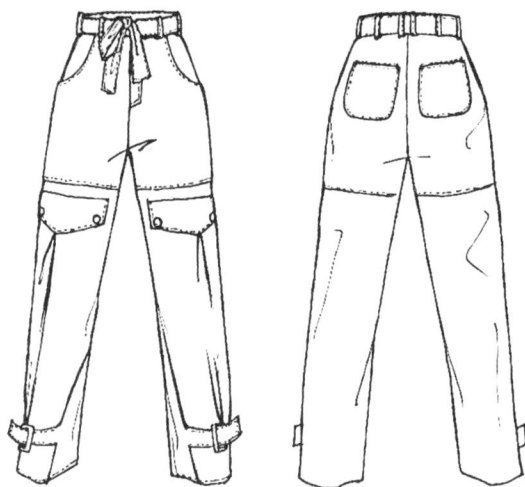

图3-2-21　水桶工装裤款式表达

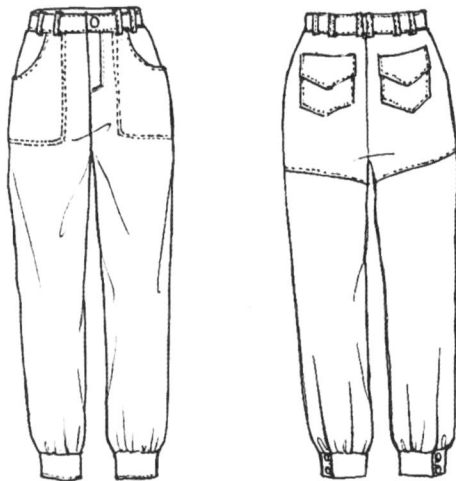

图3-2-22　束脚口工装裤款式表达

（五）学生优秀作品（图3-2-23～图3-2-26）

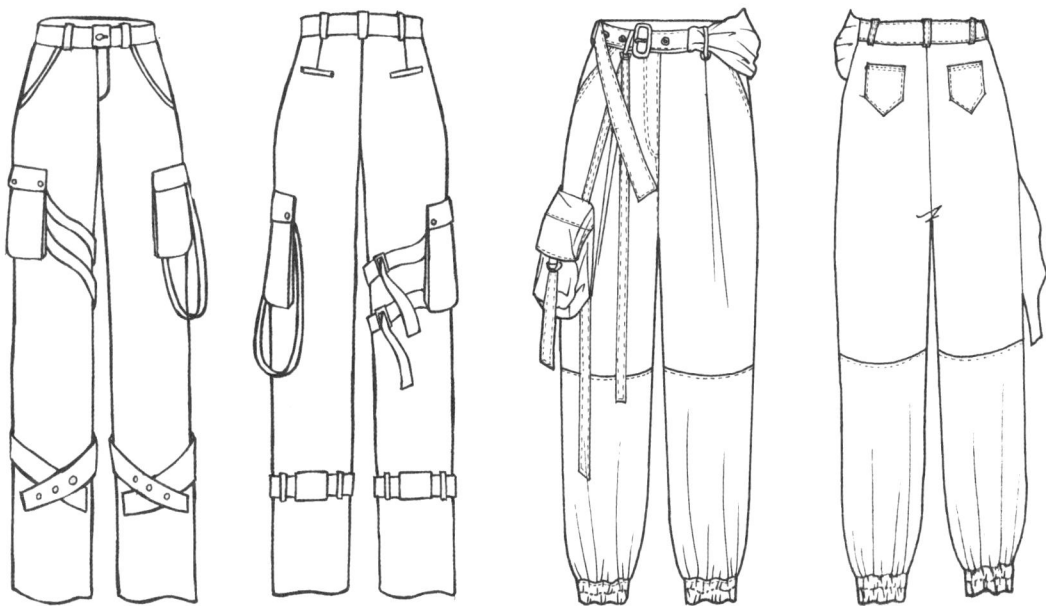

图3-2-23　工装裤款式表达1

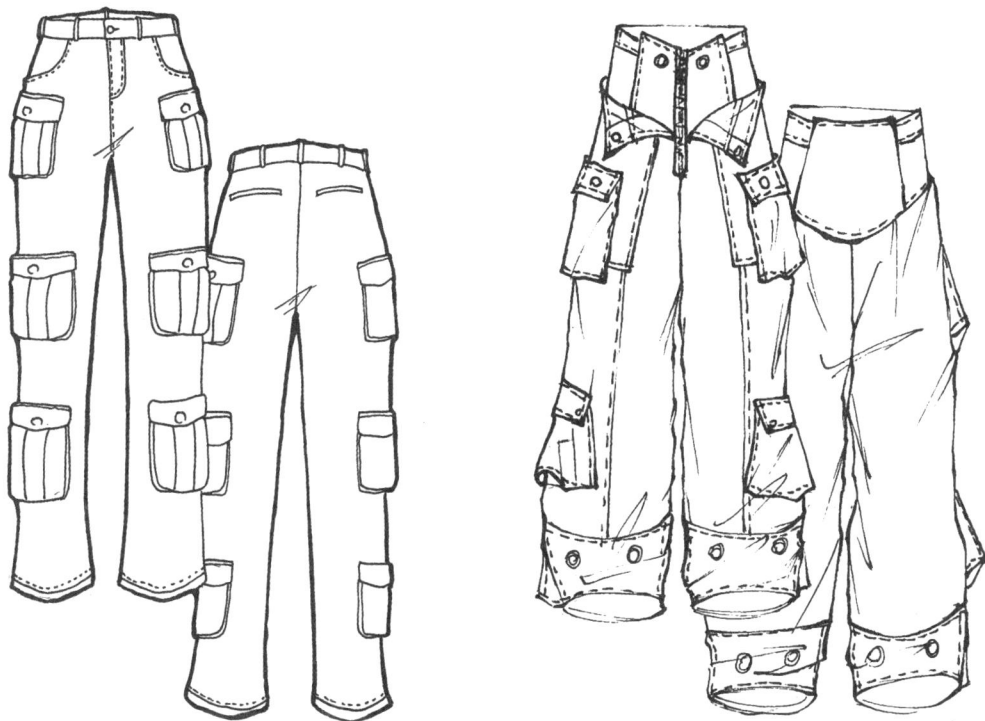

图3-2-24　工装裤款式表达2

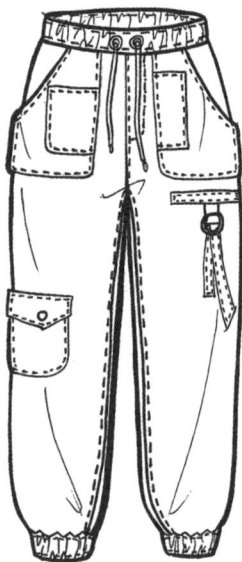

图3-2-25　工装裤款式表达3

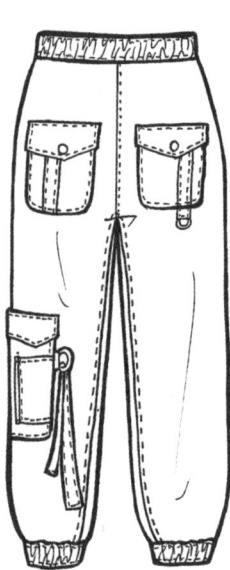

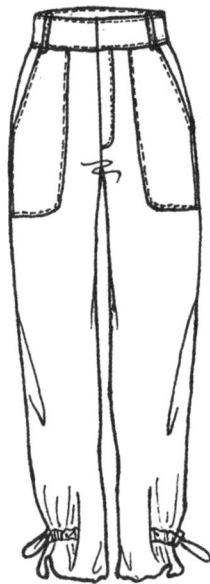

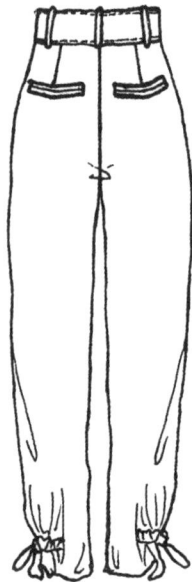

图3-2-26　脚口抽绳工装裤款式表达

（六）思考题

（1）工装裤的显要实用功能特征是什么？

（2）工装裤适合选用什么样的面料？

（3）除了多口袋设计，工装裤还有其他哪些特色细节？

（4）表达工装裤款式图的用线特点是什么？

任务三　高腰锥形裤款式图的表达

（一）学习目标

通过本任务学习，达到以下目标。

（1）能了解高腰锥形裤款式的内部结构特点。

（2）熟悉高腰锥形裤的风格特点。

（3）能对高腰锥形裤内部造型进行款式分析。

（4）能正确表达高腰锥形裤款式图。

（二）基本概念

锥形裤是一种上松下紧，形状略呈锥形的长裤，也叫小脚裤或修身长裤。这种裤子的特点是从膝盖到裤腿下方逐渐变窄，营造出一种窄腿效果，能够很好地修饰腿部线条，适合不同腿型的人穿着。总之，锥形裤是一种非常实用的裤子，无论是休闲聚会还是正式场合都能够展现出穿着者时尚、优雅的气质（图3-2-27）。

（三）款式分析

此款高腰锥形裤干净、利落的廓型，是修饰身形的关键。上粗下细的造型能掩盖臀部缺陷，同时小脚的设计能拉伸腿部线条，高腰的加入让整体造型更加利落修长，让锥形裤休闲中更加日常与精致（图3-2-28）。

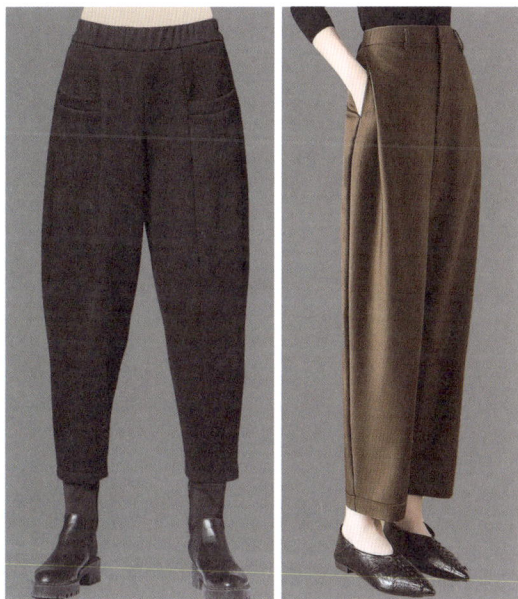

图3-2-27　高腰锥形裤款式

图3-2-28　高腰锥形裤

（四）项目实践

1.项目目标

（1）能了解高腰锥形裤款式的结构特点。

（2）熟悉高腰锥形裤的风格特点。

（3）能对高腰锥形裤进行款式分析。

（4）能正确绘制高腰锥形裤款式图（图3-2-29）。

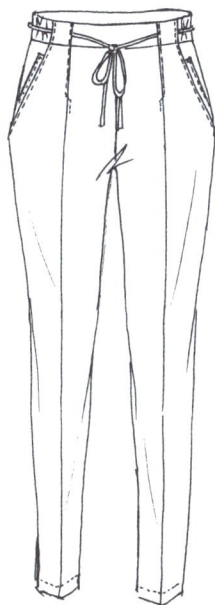

图3-2-29　高腰锥形裤款式表达

2.评分标准

（1）比例正确并准确表达高腰锥形裤的工艺结构。

（2）高腰抽绳设计细节所呈现的效果。

（3）整体左右对称，注意挺缝线的表达。

（4）细节刻画到位，线条流畅，单线勾勒。

（五）学生优秀作品（图3-2-30、图3-2-31）

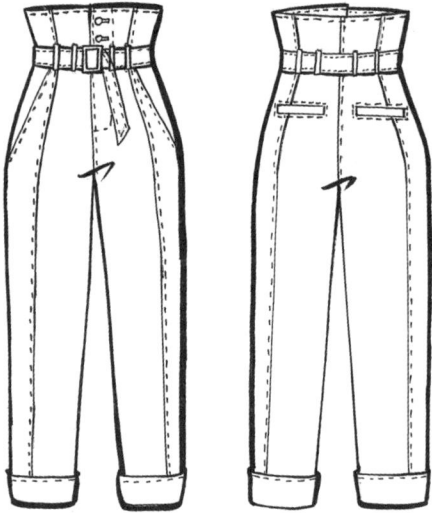

图3-2-30 高腰锥形裤款式表达   图3-2-31 牛仔锥形裤款式表达

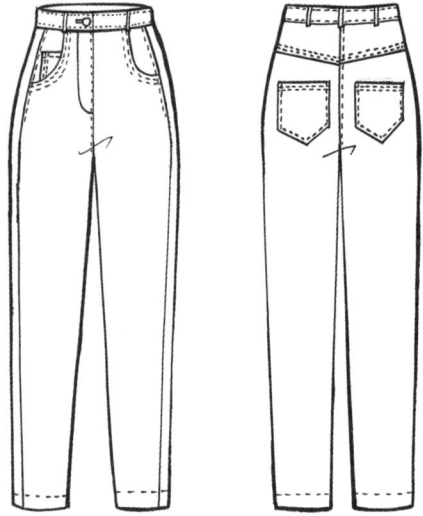

（六）思考题

（1）高腰锥形裤适合与什么样的上装进行搭配？

（2）锥形裤能修饰腿型吗？

（3）锥形裤的廓型特征是什么？

（4）松紧抽系腰头应该如何表达？

单元三　连衣裙款式图表达

一、连衣裙的概念

连衣裙是一类服装品种的总称，是指上衣和裙子连在一起的服装。连衣裙作为女士衣橱必不可少的核心单品，在搭配中起着关键的作用。不同的连衣裙廓型打造不同的风格，在趋势色、流行色和基础色的色彩基础下，整体充满春天温暖和煦的色彩，给人以欢快的视觉感受，丰富了系列产品的维度和色域（图3-3-1）。

图3-3-1　连衣裙款式

二、连衣裙的类型

连衣裙在各种款式造型中被誉为"时尚皇后"，是种类最多、变化丰富的服装款式。连衣裙的款式丰富，分类方法多种多样，可按裙装的长度、裙摆的大小、裙装的造型等进行分类，具体分类如下。

（一）按裙子的长度分类

连衣裙按长度可分为长裙、中庸裙、及膝裙以及短裙等（图3-3-2）。

| 长裙 | 中庸裙 | 及膝裙 | 短裙 |

图3-3-2　连衣裙裙子长度分类

（二）按裙子的腰节线分类

连衣裙按腰节线可分为育克裙、高腰裙、正常腰裙以及低腰裙等（图3-3-3）。

| 育克裙 | 高腰裙 | 正常腰裙 | 低腰裙 |

图3-3-3　连衣裙腰节线分类

（三）按裙子的造型分类

连衣裙按腰节可分为直身衬衫式裙、量感裹腰式裙、错位解构裙以及活泼 A 字裙等，具体如下。

1.直身衬衫式裙

随着职场女性力量的崛起，考究的直身衬衫式连衣裙获得更多女性的青睐。女性气质的衬衫连衣裙已成为时尚"必备"款，适合跨季穿着。衬衫连衣裙款式各异，较考究的板型是打造混搭风职业装的关键。直身连衣裙是兼具优雅、舒适的款式，休闲合身，既能满足保守着装的需要，也能展现身材曲线（图3-3-4）。

图3-3-4　直身衬衫式裙

2.量感裹腰式裙

量感裹腰式连衣裙以其舒适感、突出腰部线条和高度可塑性等特征而备受欢迎。围裹式叠片连衣裙通过叠片设计、围裹式腰部和合适的材质选择，创造出一种层次丰富的独特穿搭风格。这种设计既能突出女性的腰部线条和曲线美，又能展现出时尚和艺术的感觉。无论是在正式场合还是休闲场合，都能吸引人们的目光（图3-3-5）。

3.错位解构裙

错位解构式连衣裙突破了传统的连衣裙设计，通过错位和拼接的方式，创造出非对称、不规则和独特的外观。这种创新的设计让连衣裙看起来与众不同，充满艺术感和前卫感，吸引着时尚潮流的追随者（图3-3-6）。

图3-3-5 量感裹腰式裙

图3-3-6 错位解构裙

4.活泼A字裙

活泼A字裙的特点：修饰肩部，下部呈现出放松的张开裙摆，逐渐向下呈现A型，整体廓型比较宽松、舒适和自然。宽松的板型也给人带来了很大的运动自由度，让人感受到一种轻松自在的穿着体验。整体呈稳定三角结构的A型背心裙在视觉上突出身形比例的透视角度，宽大的肩带减弱了裙身的成熟性，更显活泼灵动；利落简洁的A型使用较挺阔的面料更为出色，营造出一种活泼可爱的减龄造型效果（图3-3-7）。

图3-3-7 活泼A字裙

三、连衣裙款式图的手绘实操

任务一　衬衫裙款式图的表达

（一）学习目标

通过本任务学习，达到以下目标。

（1）能了解衬衫裙款式的内部结构特点。

（2）熟悉衬衫裙的零部件设计。

（3）能对衬衫裙内部造型进行分析。

（4）能正确表达衬衫裙内部造型结构。

（二）基本概念

衬衫裙是一种来自长衬衫的连衣裙，前襟从上而下有一排纽扣。衬衫裙原本的设计都比较宽松，但现有的设计则强调通过褶皱、腰部拉绳或腰带来做出贴身、收腰的效果。衬衫裙作为经典款，不管是职场通勤或是场合穿着，一直是女性衣橱中必不可少的单品。长度选择上以到小腿肚为主，可从整体上拉长比例，搭配高跟鞋或者平底鞋，可呈现出一种优雅的摩登感（图3-3-8）。

（三）款式分析

迎合当下的流行趋势，此款连衣裙上下宽度一致，呈箱式廓型。没有收腰设计，整体呈直线型。在前胸部位加入柔软缝褶和分割细节设计，为经典衬衫裙加入缩缝设计元素。腰节线持续往下，面料选用天然棉布适合各种身材穿着。尤其是对于腰腹和大腿比较粗的女性来说，可以起到修饰体型的效果（图3-3-9）。

图3-3-8　衬衫裙款式　　　　　　　　图3-3-9　宽松廓型抽褶衬衫裙

（四）项目实践

评分标准

（1）构图合理，单线勾勒。

（2）水平及垂直辅助线左右对称。

（3）不规则底摆表达的准确性。

（4）腰部收紧表达，细节刻画到位（图3-3-10）。

图3-3-10　衬衫裙款式表达

（五）学生优秀作品（图3-3-11～图3-3-14）

图3-3-11　百褶底摆衬衫裙款式表达

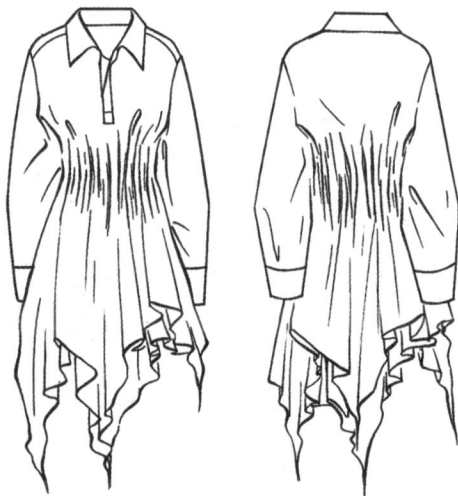

图3-3-12　不规则底摆衬衫裙款式表达

图3-3-13　A字廓型衬衫裙款式表达　　　图3-3-14　拼接衬衫裙款式表达

（六）思考题

（1）衬衫裙呈现的服装廓型是什么？

（2）衬衫裙款式图的用线特点是什么？

（3）衬衫裙与长衬衫的区别是什么？

（4）衬衫裙适合什么场合穿用？

任务二　褶裥连衣裙款式图的表达

（一）学习目标

通过本任务学习，达到以下目标。

（1）能了解褶裥连衣裙款式的内部结构特点。

（2）熟悉褶裥连衣裙的零部件设计。

（3）能对褶裥连衣裙内部造型进行分析。

（4）能正确表达褶裥连衣裙内部造型结构。

（二）基本概念

褶裥连衣裙的衣身精致性处理重点是各种褶裥的浪漫点缀，如袖部打结形成的膨鼓状、腰部褶饰的层次性处理以及古典莲藕袖型，都使最常规的元素焕发新生。肩头处、前胸处和底摆处都可融入柔软的褶量、层叠、荷叶边等装饰细节，打造柔和浪漫又不冗余的少女裙装廓型，为整套搭配增添更多妩媚、优雅的气息，精致又不失女人味（图3-3-15）。

图3-3-15　褶裥裙款式

（三）款式分析

　　这款连衣裙迎合当下的流行趋势，将褶裥元素融入裙身以及领面的装点，打造灯笼状的量感袖型。在面料的选择上，一般选用较为柔软、飘逸的材质以塑造柔美感。保持褶皱的随意性和飘逸性，呈现出一种优雅的高级感（图3-3-16）。

图3-3-16　夸张领褶裥连衣裙

（四）项目实践

评分标准

（1）构图合理，单线勾勒。

（2）量感大廓型袖子的正确表达。

（3）夸张领面表达的准确性。

（4）腰部分割线的表达，细节刻画到位（图3-3-17）。

图3-3-17　夸张领褶裥连衣裙款式表达

（五）学生优秀作品（图3-3-18～图3-3-23）

图3-3-18　花苞袖褶裥裙款式

图3-3-19　宫廷风挂脖褶裥裙款式

图3-3-20　鸡腿袖褶裥塔裙款式

图3-3-21　褶裥吊带连衣裙款式

图3-3-22　垂荡褶裥连衣裙款式

图3-3-23　一字肩褶裥连衣
裙款式

（六）思考题

（1）连衣裙根据不同风格类型可以分为几种褶裥？

（2）褶裥连衣裙的用线特点是什么？

（3）褶裥连衣裙的哪些关键部位需要表达衣纹线？

（4）一般选用什么面料来表达褶裥连衣裙？

上装产品的款式图表达

单元一　衬衫款式图表达

一、衬衫的概念

衬衫，起源于古埃及时代，最初是一种由树叶、兽皮等材料制成的简单的遮羞衣物。随着纺织技术的发展，人们对于舒适、实用以及时尚审美观念的需求增加，衬衫逐渐演变为一种更加舒适、实用及时尚的服装单品。衬衫在满足穿着舒适度同时，也起到了良好的实用功能性，并融合了现代审美理念，呈现出美观、时尚、优雅的特点与风格（图4-1-1）。

图4-1-1　不同特点与风格的衬衫款式

衬衫作为内搭，可以根据不同的情况和需求，在搭配上能为整体造型带来画龙点睛的效果。此外，由于其材质和设计的多样性，衬衫还可以为穿着者提供各种样式和风格的选择，满足不同的场合需求。同时，衬衫还可以作为内衣使用，起到支撑和保暖的作用（图4-1-2）。衬衫设计多样，可以搭配不同的服饰和配饰，满足不同场合的需求。

图4-1-2　不同特点与风格的衬衫款式

二、表达衬衫的基本元素

（一）比例

表达衬衫款式图时，需要依据人体的颈部、肩部、腰围、手臂、臀部等部位的宽度及长度。手绘表达时，应把握好各部位的结构比例，如领深、领宽、肩宽、腰宽及底摆等的比例关系（图4-1-3）。

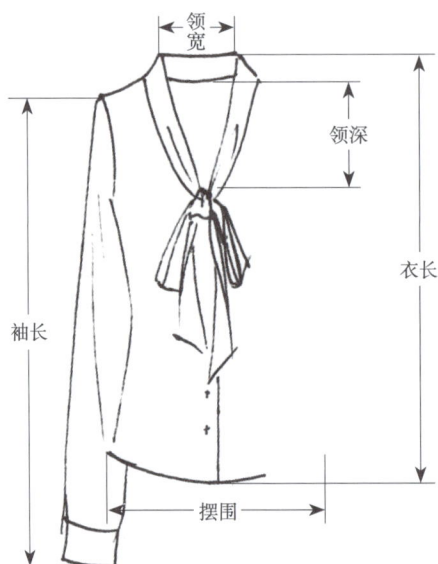

图4-1-3　飘带领衬衫比例关系

（二）线条

款式图中的线条作为表达款式特征的关键元素，对于服装设计师以及服装制板师具有非常重要的指导意义。针对不同衬衫的整体外观和风格，其线条设计的形状和长度也会有所不同。包括关键部位的轮廓线条，如领口线、袖口线、底摆线等；细节部分的线条，如口袋、袖克夫、纽孔等；装饰以及功能性的分割线条，如各种缝缉线、明线、贴边等（图4-1-4）。这些线条为服装制作过程中的设计、制板以及工艺等提供了非常重要的依据。

缝缉线
领口线
衣纹线
明线
底摆线
袖口线

图4-1-4 衬衫的线条表达

（三）造型

服装的外造型主要看廓型，内造型就需要看部件即细节局部。衬衫的手绘表达应注重部件结构的关系，如图4-1-5这件飘带领衬衫为例：部件结构分别有领台、领面、育克、飘带、塔克、门襟、袖子、摆围和袖克夫等。

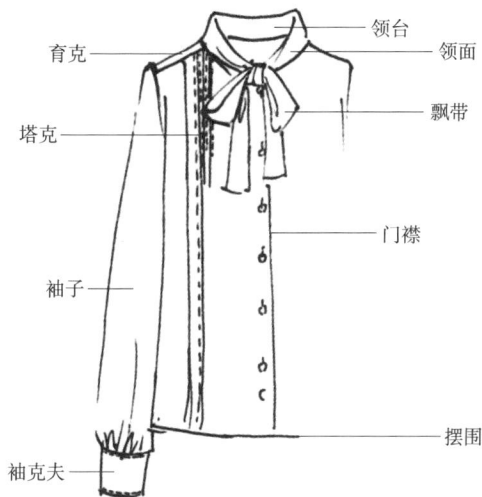

育克
领台
领面
塔克
飘带
门襟
袖子
袖克夫
摆围

图4-1-5 衬衫细节结构

领子的风格不同，也会直接影响领子外造型的廓型（图4-1-6）。

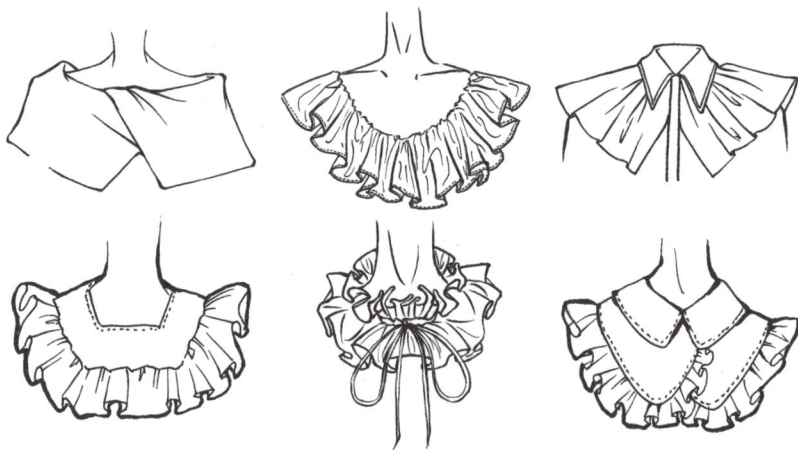

图4-1-6　不同风格的衬衫领型

具有浓郁复古氛围的法式风、田园风通常是春夏季衬衫套衫的重点风格，因此将纵向立体装饰、木耳边装饰等古典元素细微地融入衬衫中，带来全新的视觉效果（图4-1-7～图4-1-11）。

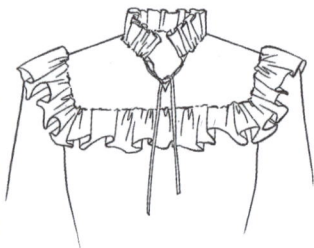

图4-1-7　装饰小立领

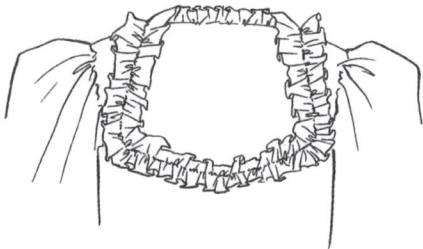

图4-1-8　木耳边方形衬衫领

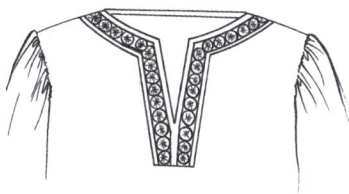

图4-1-9　民族风V形衬衫领

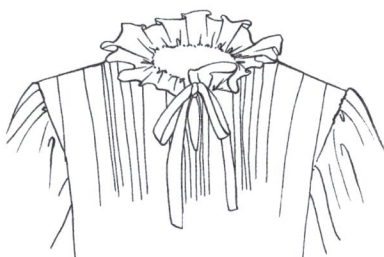

图4-1-10　荷叶蝴蝶结衬衫领

图4-1-11　木耳边大翻衬衫领

　　同样，袖子的风格不同，也会直接影响袖子外造型的廓型（图4-1-12）。新季的衬衫套衫廓型中，圆肩宽袖、不对称捏褶、量感，袖身从膨胀的肩部开始逐渐收缩，形成类似羊腿的廓型；而宽松板型与传统紧贴的羊腿袖不同，仍留有余量，可打造出柔和浪漫又不冗余的衬衫廓型（图4-1-13～图4-1-17）。

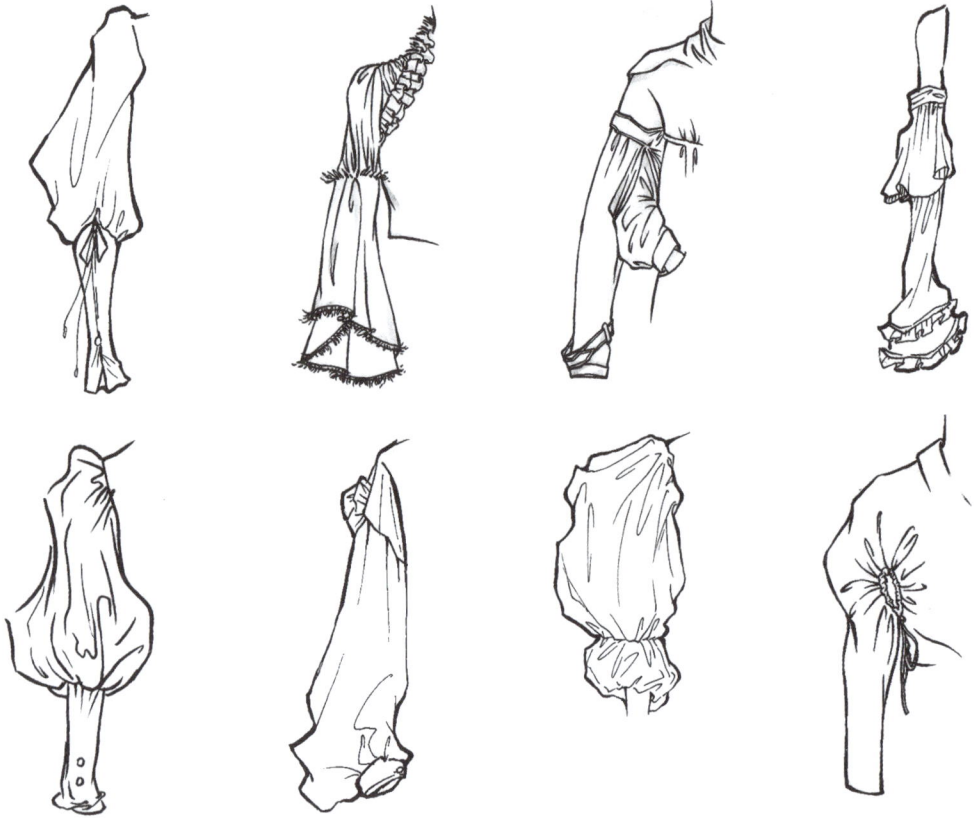

图4-1-12 不同风格的衬衫袖型

图4-1-13 抽褶量感衬衫袖

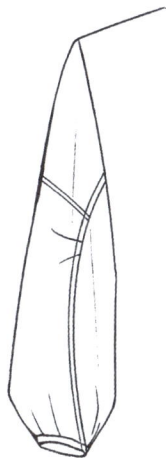

图4-1-14　内弯捏褶衬衫袖

图4-1-15　双层木耳边衬衫袖

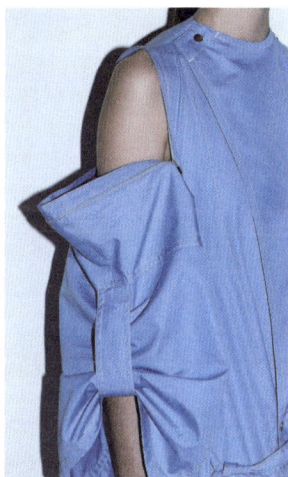

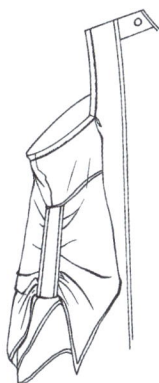

图4-1-16　绑带拉链露肩衬衫袖

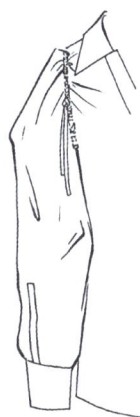

图4-1-17　袖窿线捏褶衬衫袖

三、衬衫款式图的手绘实操

任务一　飘带领衬衫款式图的表达

（一）学习目标

通过本任务学习，达到以下目标。

（1）能了解飘带领衬衫款式的内部结构特点。

（2）熟悉飘带领衬衫的零部件设计。

（3）能对飘带领衬衫内部造型进行分析。

（4）能正确表达飘带领衬衫内部造型结构。

（二）基本概念

飘带领衬衫是指领子以飘带领的形式呈现的衬衫。飘带领除了具备装饰功能，还逐渐成为近几年时尚界的热门元素之一。这种领型应用于衬衫设计上，为女性增添了更多的动感、柔美与气质等特质（图4-1-18）。

（三）款式分析

如图4-1-19所示，这是一件当下比较流行的飘带领衬衫款式，飘带是领子从后往前延伸而出。实用性的系带蝴蝶结飘带巧妙地与衣领接缝处相连，既起到装饰作用，又可以随性系扎，展现出时尚与实用的完美结合。除了飘带领的设计外，前胸还有一分割线进行装饰。袖口采用开口设计等流行元素，通过裁剪工艺的设计为袖部带来了更多元的视觉效果。

图4-1-18　不同风格飘带领衬衫　　　　　　　图4-1-19　飘带领衬衫款式

（四）项目实践

飘带领衬衫评分标准

（1）构图合理，单线勾勒。

（2）水平及垂直辅助线左右对称。

（3）工艺结构的表达很准确。

（4）比例准确，细节刻画到位。

（5）飘带领以及系带处所产生的衣纹线的表达正确（图4-1-20）。

（五）思考题

（1）飘带领衬衫呈现的是什么风格？

（2）表达衬衫领款式图的衣纹线应该集中在什么部位？

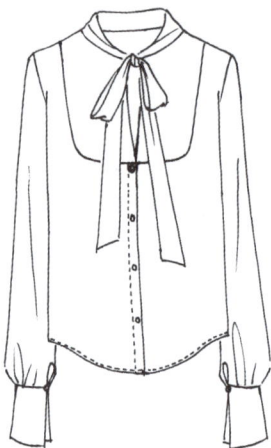

图4-1-20　飘带领衬衫款式表达

（3）表达飘带领衬衫款式图的用线特点是什么？

（4）衬衫袖克夫的开口应该如何表达？

任务二 箱式衬衫款式图的表达

（一）学习目标

通过本任务学习，达到以下目标。

（1）能了解箱式衬衫款式的内部结构特点。

（2）熟悉箱式衬衫的零部件设计。

（3）能对箱式衬衫内部造型进行分析。

（4）能正确表达箱式衬衫内部造型结构。

（二）基本概念

箱式衬衫通常具有较宽松的衣身，袖口也相对宽松。箱式直身衬衫的设计理念是以直线剪裁为主，宽大的衣身形状像个箱子，因此得名"箱式"。随着时间的推移，这种设计风格逐渐发展成为一种时尚的服装款式。宽松直筒的箱型衬衫给人简约、干练的感觉，突出轻松、随性的穿着感，展现个人的线条和身形同时，又加强了整体的结构感和质感（图4-1-21）。

（三）款式分析

箱式衬衫有着宽松直筒的箱型衣身设计。衣身松量较大，下摆呈现宽松状态。宽松感的H型廓型是最为经典的廓型之一。在细节上加入比较新意的设计，可通过不同领型设计、袖型设计以及底摆设计等手法诠释细节，如领口采用插肩袖设计，领座设计搭配窄小领面显得活泼而又精神；底摆采用交叉分割设计，叠片设计增加了衬衫的层次感和设计感。在面料的选择上，一般选用较为挺括的面料塑造廓型感（图4-1-22）。

图4-1-21 不同风格箱式衬衫

图4-1-22 箱式衬衫款式

（四）项目实践

箱式衬衫评分标准

（1）构图合理，单线勾勒。

（2）水平及垂直辅助线左右对称。

（3）底摆交叠工艺结构的表达的准确性。

（4）插肩袖的正确表达，细节刻画到位。

（5）领口以及袖口处所产生的衣纹线的表达正确（图4-1-23）。

图4-1-23　箱式衬衫款式表达

（五）思考题

（1）箱式衬衫呈现的是什么风格？

（2）表达衬衫插肩袖造型的特点有哪些？

（3）表达箱式衬衫款式图的用线特点是什么？

（4）底摆设计的正确表达方式是什么？

任务三　圆肩量感袖衬衫款式图的表达

（一）学习目标

通过本任务学习，达到以下目标。

（1）能了解圆肩量感袖衬衫款式的内部结构特点。

（2）熟悉圆肩量感袖衬衫的零部件设计。

（3）能对圆肩量感袖衬衫内部造型进行分析。

（4）能正确表达圆肩量感袖衬衫内部造型结构。

（二）基本概念

圆肩量感袖衬衫通过不同廓型和关键细节点呈现出来，塑造一种浪漫的都市感，满足办公通勤和日常穿着。在色彩上，在流行色的加持下又加入了新的趋势色，整体展现出优雅、通勤的穿搭美学。圆肩的弧线打造茧形的造型感，不管是出街还是日常通勤，都可以成为造型的吸睛点。袖口处呈现量感抽褶的设计充满少女感。圆肩量感廓型的衬衫单品对身材也有极好的包容度，十分适合简约、舒适的搭配（图4-1-24）。

（三）款式分析

圆肩量感袖衬衫通过量感抽褶的方式打造空气感的造型。衣身松量较大，下摆呈现宽松状态。领口采用插肩袖设计，灯笼式袖口宽大、末端收紧。袖长至前臂中间的位置，整体略呈现A型。前胸省道转移至领口插肩分割处，融入碎褶设计。前襟复古排扣的点缀，增加了衬衫的层次感和设计感。适合度假和户外穿着，呈现出一种田园氛围感（图4-1-25）。

图4-1-24　圆肩量感袖衬衫　　　　　　图4-1-25　圆肩量感袖衬衫款式

（四）项目实践

圆肩量感袖衬衫评分标准

（1）构图合理，单线勾勒。

（2）水平及垂直辅助线左右对称。

（3）底摆前短后长，工艺结构表达的准确性。

（4）排扣等间距表达，细节刻画到位。

（5）领口以及袖口处所产生的衣纹线的表达正确（图4-1-26）。

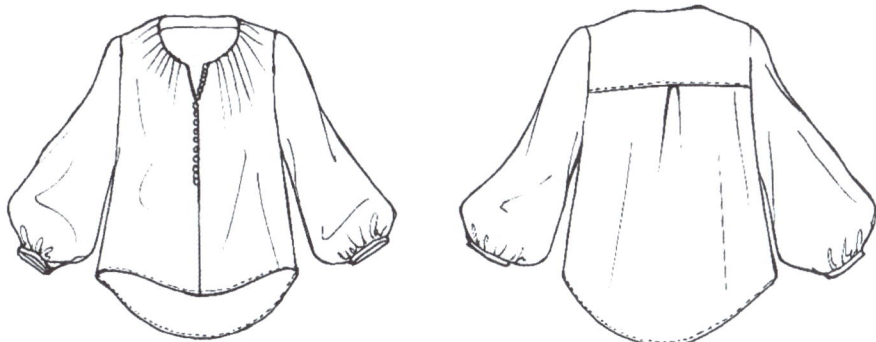

图4-1-26　圆肩量感袖衬衫款式表达

（五）优秀作品（图4-1-27～图4-1-31）

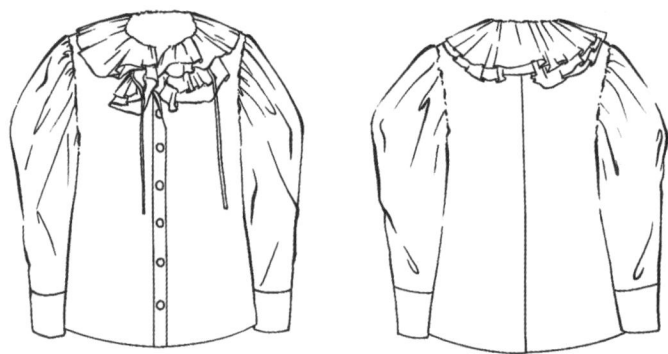

图4-1-27 木耳边领衬衫款式表达

图4-1-28 飘带抽系褶裥领衬衫款式表达

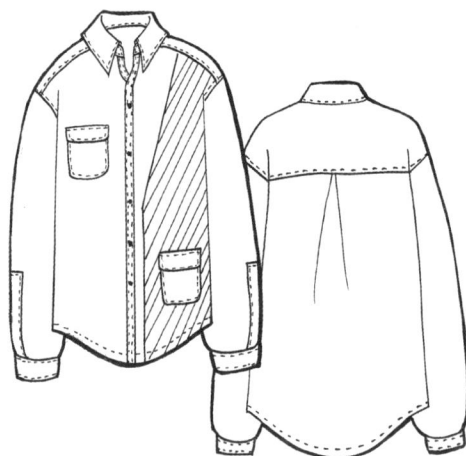

图4-1-29 直身廓型休闲衬衫表达

图4-1-30 腰部抽褶衬衫表达

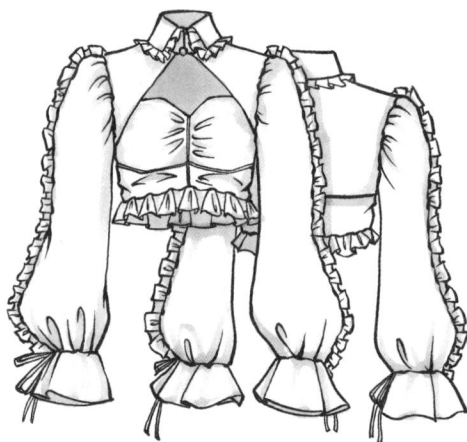

图4-1-31 木耳边元素立领露腰衬衫表达

（六）思考题

（1）圆肩量感袖衬衫呈现的是什么风格？

（2）表达圆肩量感袖衬衫款式图的用线特点是什么？

（3）如何呈现衬衫的量感特征？

（4）因为抽系产生的碎褶应该如何表达？

单元二 外套款式图表达

一、外套的概念

外套是服装中的一种类型，是穿在最外面的衣物。外套可以单独穿着，也可以与其他服装（如衬衫、T恤等单品）搭配穿着。外套不仅具有保暖、防护等多功能性以及搭配性，还承载着文化、审美和价值观。因色彩、材料或款式的不同，可创造出诸多不同的外观和风格。不同的外套有不同的功能和用途，如西装、夹克、风衣、棉衣等（图4-2-1）。

图4-2-1 不同特点与风格的外套款式

随着时尚的不断演变，外套的设计也在不断地推陈出新。外套的设计和材质可以根据不同的季节和场合进行变化，如缎面色泽材质的夹克适合春秋季节穿着，皮草材质的夹克适合深冬季节穿着（图4-2-2）。

图4-2-2　不同材质的夹克外套

外套款式图的基本元素包括领型、袖型、前襟、袋口、下摆和细节装饰等。所有上衣服装的表达中，最重要的一点就是要分清肩线。外套的肩线变化决定了其款式的设计以及风格，所以肩线是外套的设计重点之一。

二、外套的肩线类型

（一）标准肩线

肩线正好在肩膀上的是标准肩线，衣身是衣身，袖子是袖子，分得很清楚。袖子与衣身相连的位置直接延伸到肩部，没有过多的修饰和褶皱。这种袖子通常能够突出肩部线条的美感，让整个上身看起来更加挺拔。这种袖子的设计简洁、直线感强，给人一种干练、利落的感觉（图4-2-3）。

（二）落肩袖

落肩袖衣服的肩线落在肩膀下面，衣身侵入袖子。它的特点是袖子的肩部宽松，与肩膀的连接点较低，整个袖子在肩部自然地往下延伸，形成一种宽松、悬垂的效果。袖子与衣身相连的位置处于肩膀的边缘，形成一种向外伸展的效果，让肩部看起来更加宽大且有立体感（图4-2-4）。

标准肩线

图4-2-3　标准肩线

（三）插肩袖

插肩袖指衣服袖子的裁片与肩膀相连，一般没有肩线，袖子一直插入领口。通过在袖底到领圈的分割线处做一些细节上的设计，可以让插肩袖的款式更加丰富。插肩袖通常能够给人一种时尚、修身的感觉，适用于各种类型的上装、连衣裙等服装设计（图4-2-5）。

落肩袖

插肩袖

图4-2-4　落肩袖　　　　　　　　　　　图4-2-5　插肩袖

三、表达外套的基本元素

（一）领型与人体的关系

衣领是服装的重要组成部分之一，接近人的脸部，所以其结构与设计能够衬托出人的脸部特征。衣领一般与上衣领圈线相缝合，依据人体颈部结构进行设计。所以领型的设计要适合颈部的结构及颈部的活动规律，满足服装的适体性。颈部从侧面观察，略向前倾斜，活动时，颈的上部摆动幅度大于颈的根部。衣领的设计要参照人体颈部的四个基点，即颈窝点、颈侧点、颈后中点、肩侧点（图4-2-6）。

（二）领型的表达

领型是外套款式图中最显眼的部分之一，衣身领圈线的深、浅、宽、窄变化以及各种形状的领面设计构成了丰富的领型。精致浪漫和实用的领部细节呈现出律动柔美的女性形象，新季流行趋势的领部细节十分注重点缀装饰的作用，运用的手法更加注重工艺性，如钉珠点缀、柔美荷叶边以及密排扣

衣领设计基准点

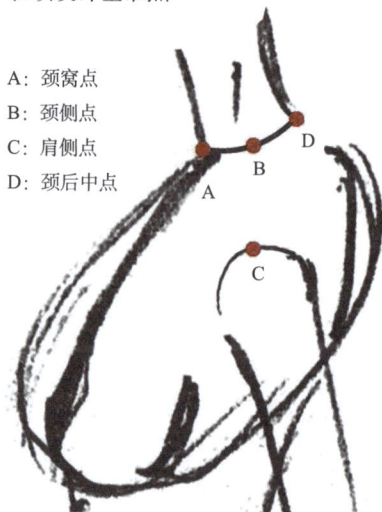

A：颈窝点
B：颈侧点
C：肩侧点
D：颈后中点

图4-2-6　衣领基准点

饰，在原有领部的基础上，叠加辅料、配件等，进行后工艺的处理，以达到装饰效果。其中以浪漫荷叶领、随性飘带领、手工装饰领为主，将经典的细节采用全新设计手法呈现在领部，在衬衫以及套衫单品的领部尤为重要（图4-2-7）。

| 扭结飘带领 | 戗驳领 | 装饰坦领 |

图4-2-7　不同风格的领型

　　领子作为上衣的重要部位之一，通过改变领部的设计，给整体的廓型增添新意，可通过不同的领部设计手法呈现领部的多样设计。领部可以从结构和形态上做多种尝试，形成不同的风格效果。层次解构领型让领部更为多变，打破了领部乏味的一成不变的设计，小众感的设计更能体现个性。常见的领型有翻领、立领、圆领、尖领以及戗驳领等，不同的领型可以给外套带来不同的风格和氛围（图4-2-8）。

| 翻领 | 无领 | 戗驳领 |

图4-2-8　外套的不同领型

（三）袖型的表达

袖型也是外套款式图中的重要元素之一。袖部同样为上装设计的关键部位之一，可通过不同的设计手法呈现，如泡泡袖、灯笼袖设计，撞色拼接，袖中开缝设计等，共同呈现外套单品的设计。袖型可以分为长袖、短袖、七分袖等，还可以有特殊的设计，如蓬松袖、喇叭袖、荷叶袖等，不同的袖型可以给外套增添独特的个性。在肩袖处做镂空效果或解构分割是时尚圈一大细节热点，腋下、肩头、内臂等镂空部位充满空气感和结构性特色，同时可展示女性精致的骨感美，摆脱冬服传统厚重沉闷的刻板印象。解构方式多见扣饰及系扎手法，在保证造型效果的同时不失其实用性与保暖性，是值得投入精力的设计细节（图4-2-9）。

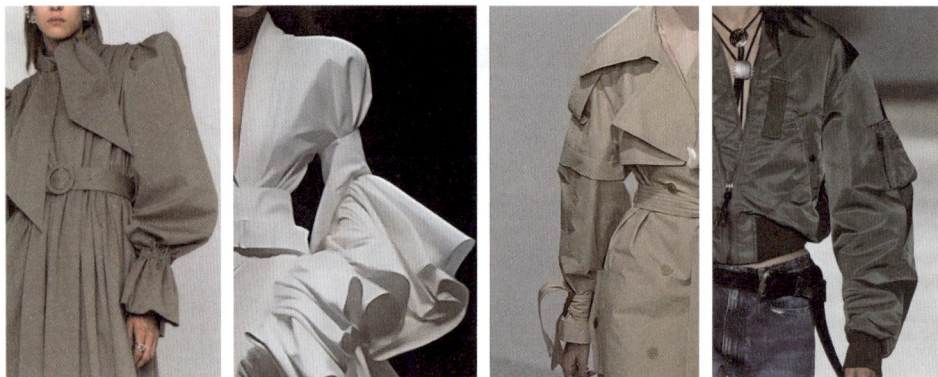

泡泡袖　　　　　　　荷叶袖　　　　　　可脱卸束口袖　　　　　蓬松袖

图4-2-9　不同风格的袖型

衣袖是服装整体造型的重要组成部分，对衣身的造型效果影响很大，所以要正确认识衣袖，并从袖子构成的各个方面去构想。袖口作为袖子重要的一部分，是带动袖子整体形象的灵魂，在袖口部位做文章，如解构袖口、镂空袖口、木耳边袖口、高开衩袖口、超宽袖克夫、罗纹袖口、喇叭袖口等工艺细节设计，为简单板型的袖子带来不同风采，通过改变袖口的细节设计掌握整体风格走向（图4-2-10）。

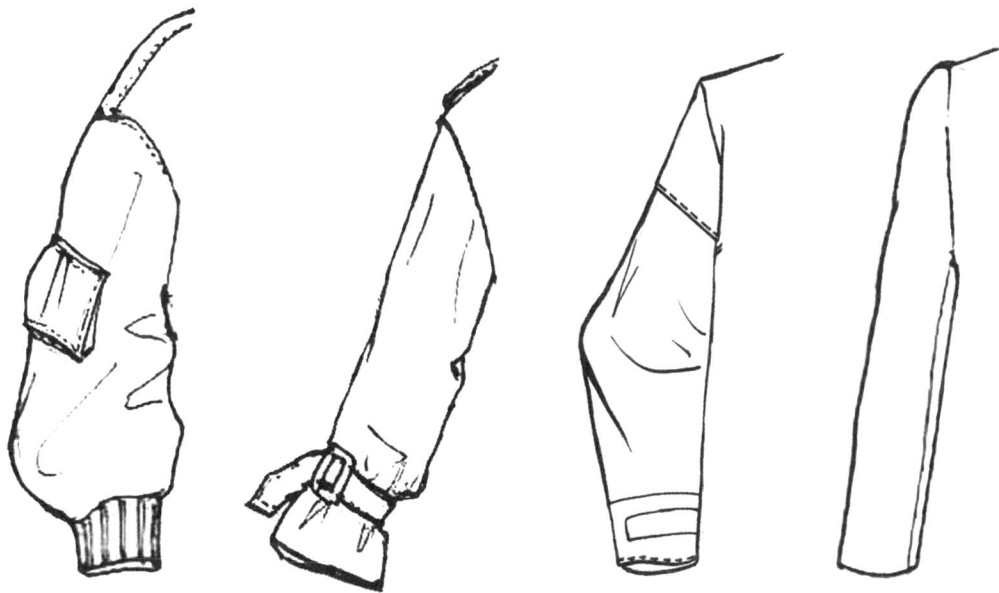

图4-2-10 外套的袖型

四、外套款式图的手绘实操

任务一 西装款式图的表达

（一）学习目标

通过本任务学习，达到以下目标。

（1）能了解西装款式的内部结构特点。

（2）熟悉西装的零部件设计。

（3）能对西装内部造型进行分析。

（4）能正确表达西装内部造型结构。

（二）基本概念

1.西装的定义

西装通常适合比较正规的场所穿着，是职场礼仪的所在，是公司企业女性着装或者商务场合着装的首选。随着社会的变迁和时尚的不断更新，现在西装已经超越性别，女士西装更趋多元化。西装作为衣橱必备单品，设计元素和设计手法比较多样化，如后腰收省设计、镂空肩部、拉链装饰、围裹式设计等，共同呈现西装单品设计。现代西装的设计更注重个人化和时尚感，从宽松、廓型、材料到搭配方式都不再有限制。时下的高端女式西装外套凭借其尤具魅力的经典设计，不仅令各式正装造型散发出端庄大方的气场，也可化身为休闲服饰外搭的点睛之笔（图4-2-11）。

图4-2-11　不同风格西装

2.西装的类型

西装有几种不同的类型，具有不同的特点，可满足不同场合和风格的需求。女士西装不像男士西装那样严谨单一，在款式上会有更多的变化。

（1）经典款。经典款的西装在正式场合穿着，通常采用修身剪裁。它的特点是简约、精致，颜色多为深色（如黑色、灰色和深蓝色）。西装外套通常是单排扣或双排扣设计，配有尖角领和领尖袋。此外，通常以套装的形式出现，会搭配西装裤或长裙，营造出干练的职业形象。

（2）休闲款。休闲款的西装整体结构形式丰富多样，在经典款的基础上融入当下的流行趋势，更注重穿着的舒适度和休闲感，适合日常穿着或非正式场合。它通常比较宽松，剪裁上稍微放松，可以搭配同款休闲裤、牛仔裤或半裙。休闲西装的颜色和图案选择更加多样，设计上可加入一些时尚元素，如印花或立领。

（3）高定款。高定款西装是根据个人需求定制的，可以根据身形和个性喜好调整剪裁和设计。其延续了西装的外廓型，并加入了时尚设计的手法，并以多元化的展现手法呈现，如刺绣、绣花、镶边等大量的手工技法。此外，高定款西装更注重个性和独特性，所以需要根据个人的风格和喜好选择面料和颜色。

总之，西装的类型特点多样，可以根据场合和个人喜好选择适合自己的款式。无论是经典款、休闲款还是高定款，西装都是一种精致、时尚且具有职业魅力的服饰选择。

（三）款式分析

1.围裹式系带西装

这是一件当下比较流行的围裹式西装款式，质感柔和，采用麻织天然面料。领面和前后片保持略硬挺的造型，左侧下摆和袖子保持柔软质感；贴合自然肩宽，使用薄型垫肩，体现出自然的肩部弧线；腰部较合体，下摆随着一侧的皱褶设计自然张开，通过系扎打结的设计手法，为西装细节工艺注入实用性和独特性，打造更具辨识度的西装单品，实用中更见新意雅致，一改简欧风西装单品略显寡淡的视觉观感。腰部围裹式结构设计增加了单品的视觉效果，系带设计也为这一利落的廓型增添了一丝率性，呈现出通勤、简约和轻奢极简的氛围，强调细节的刻画和纯净的线条，配合柔和、恬静的颜色，给人一种温馨、舒适、自然的感觉（图4-2-12）。

2.荷叶底摆收腰西装

西装腰部细节是本季焦点趋势，收腰设计打造了女性化的都市着装。腰部的特殊设计，美化了全身的比例，贴合腰线的设计，凸显窈窕身姿，同时无形之中纵向拉伸了身高，也让穿着者看起来更自信。凸显职业女性个性气质的同时，又增加了西装的细节感。这件西装面料质地硬挺，表面有光泽，合体收身的造型从视觉上拉长人体比例，使穿着者显得纤细修长。在延续往季廓型的基础上，腰部设计上有所变化。弧线袖型结合收腰造型，缩张之间的对比凸显了腰部的曲线美，圆顺的X型效果强化了简欧利落干练之风。整体造型内敛而精致，呈现一种女性优雅精致的调性。廓型呈现沙漏型，视觉上传达出一种3D立体感，造型感极强，呈现一种摩登干练的调性（图4-2-13）。

图4-2-12 围裹式系带西装款式分析　　图4-2-13 荷叶底摆收腰西装款式分析

（四）项目实践

1.围裹式系带西装评分标准（图4-2-14）

（1）工艺结构的表达准确，构图合理。

（2）比例准确，细节刻画到位。

（3）西装戗驳领领型的正确表达。

（4）围裹式系带结构的正确表达。

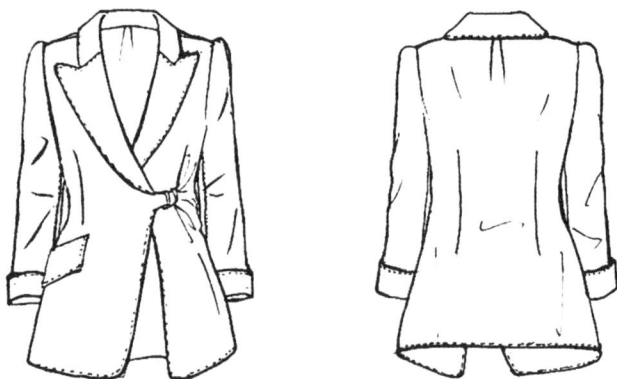

图4-2-14　围裹式系带西装表达

2. 荷叶边底摆西装评分标准（图4-2-15）

（1）工艺结构的表达准确，构图合理。

（2）比例准确，细节刻画到位。

（3）西装平驳领领型的正确表达。

（4）沙漏型荷叶边底摆的正确表达。

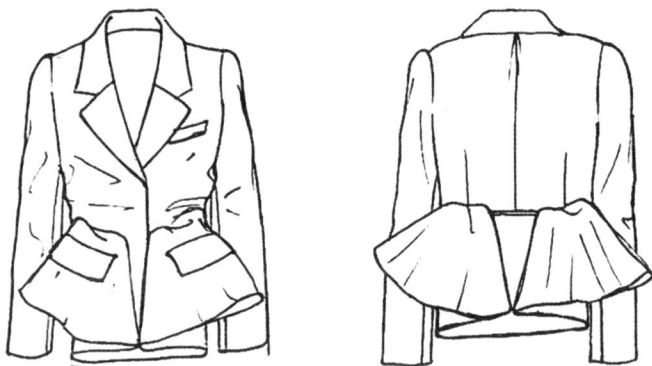

图4-2-15　荷叶边底摆西装表达

（五）学生优秀作品（图4-2-16~图4-2-21）

图4-2-16　肩部分割设计西装

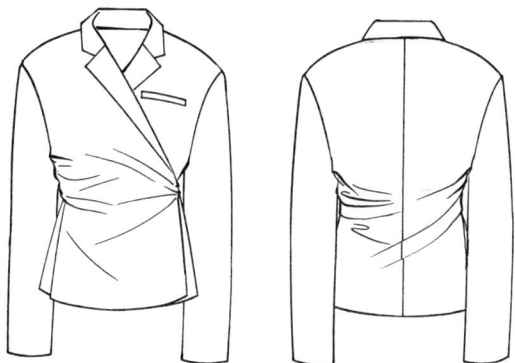

图4-2-17 合体收身围裹式西装

图4-2-18 绑带系扣设计西装

图4-2-20 宽肩假两件西装

图4-2-19 拉链收腰西装

图4-2-21 收腰X造型西装

（六）思考题

（1）西装的三种常规领型分别是什么？

（2）西装的风格类型有哪些？

（3）X型沙漏收腰的西装廓型细节特点是什么？

（4）超大比例的西装肩部的廓型设计特点是什么？

任务二　风衣款式图的表达

（一）学习目标

通过本任务学习，达到以下目标。

（1）能了解风衣款式的内部结构特点。

（2）熟悉风衣的零部件设计。

（3）能对风衣内部造型进行分析。

（4）能正确表达风衣内部造型结构。

（二）基本概念

1. 风衣的定义

风衣是一种起防风作用的轻薄型大衣，适合于春、秋、冬三季外出穿着，为近二三十年来较流行的服装。风衣由于具有造型灵活多变、健美潇洒、美观实用、款式新颖、携带方便、富有魅力等特点，深受中青年男女的喜爱（图4-2-22）。

图4-2-22　风衣款式

2.风衣结构分析

风衣中，领口和袖口的狭带扣是为了防止雨水流入衣服里，腰带位置的扣环可用于悬挂水壶或手榴弹，肩章设计是为了佩戴军衔，左边或右边的胸垫是为了抵住枪托时防止磨损衣服，肩背上的半截布是为了让雨水顺流而下以免渗入衣服（图4-2-23）。

注：风衣的重点表达元素分别是双排扣门襟设计、育克以及肩章

图4-2-23　风衣结构分析

（三）款式分析

1.经典基础款风衣

这是一件经典基础的风衣款式，延续了附片风衣的工艺处理细节。基础款风衣是日常生活中最常见的单品，优点是能够应对很多种场合，能够完美地将基础款的时尚感诠释出来。作为基础单品，它也可以诠释出很多种不同的风格，如搭配的时候可以运用裙装来增强女性的魅力，通过搭配连衣裙或者半身裙展现出潇洒随性的气息，并且能够体现女人味，把风衣这件基础单品的时尚感激发出来。大翻领搭配肩章、腰带，结合风衣的硬挺感面料，很好地展现了帅气的风格和中性风的效果。本款风衣选用质感厚重的呢子面料，为体现出面料厚度，肩部比自然肩宽略宽，袖子长度盖住腕骨，衣长盖过膝盖（图4-2-24）。

2.格子育克拼接风衣

这是一件中性风格的风衣，落肩袖、领子宽大、袖子上臂处宽大且长至手指、手腕处腰带式设计收拢袖口。收腰设计很好地修饰了身形曲线，本布腰带通过系结的方式增加腰部的装饰性。在侧缝以及育克上采用格纹与衣身的单色撞色，设计手法更新了风衣单一的视觉效果。风衣的前肩覆源于战壕风衣，在极简风格下通过格纹面料的设计改良呈现出更加丰富的视觉层次。育克部分外加局部防雨面料层，既能挡风又能遮雨。衣长至小腿处，用简约风的服装打造出干净利落的造型。融入简洁的裁剪细节，打造简约干练的都市女性形象（图4-2-25）。

图4-2-24　经典基础款风衣　　　　图4-2-25　格子育克拼接风衣

（四）项目实践

1.经典基础款风衣评分标准（图4-2-26）

（1）工艺结构的表达准确，构图合理。

（2）比例准确，细节刻画到位。

（3）前肩肩章的正确表达。

（4）前肩育克的正确表达。

图4-2-26　经典基础款风衣表达

2.格子育克风衣评分标准（图4-2-27）

（1）工艺结构的表达准确，构图合理。

（2）比例准确，细节刻画到位。

（3）前肩格子育克的正确表达。

（4）袖襻及荷叶边袖口的正确表达。

图4-2-27　格子育克风衣表达

（五）作品赏析（图4-2-28 ~ 图4-2-38）

图4-2-28　海军领型风衣表达

图4-2-29　A字褶裥底摆风衣表达

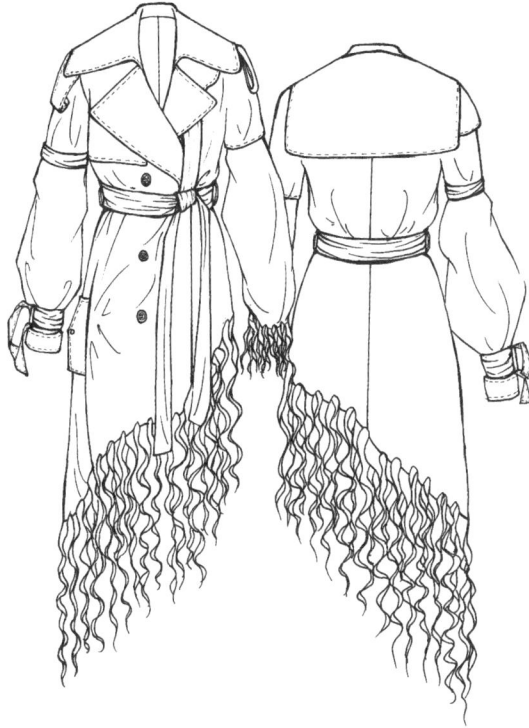

图4-2-30　流苏底摆风衣表达

图4-2-31　直身款超长风衣表达

图4-2-32　绑带式束袖口风衣表达

图4-2-33　绑带式束袖口风衣拓展款

图4-2-34 大衣款式图表达

图4-2-35 棉衣款式图表达

图4-2-36　裘皮大衣+抽绳风衣款式图表达

图4-2-37　猎装款式图+裘皮短棉袄手绘表达

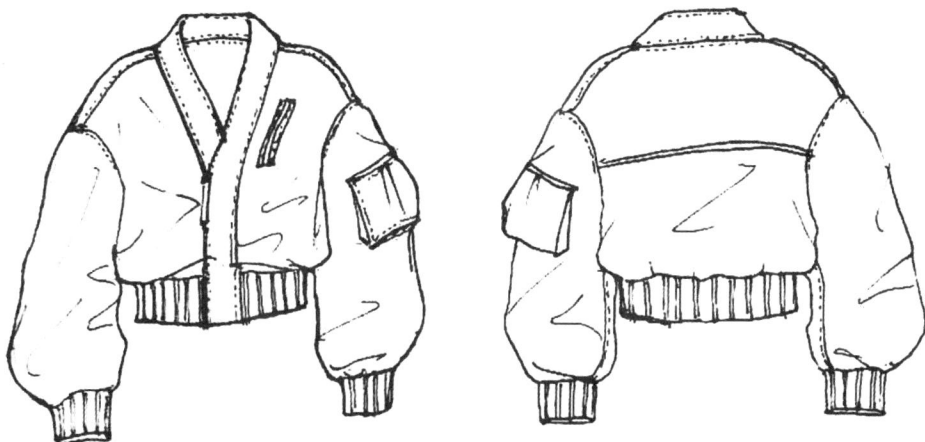

图4-2-38　机车夹克手绘表达

（六）思考题

（1）风衣的设计重点元素有哪些？

（2）经典基础款风衣的零部件包含哪些？

（3）多元化的风衣设计有了更多的设计元素，具体有哪些？